KB272822

설탕 디톡스 21일

1판 1쇄 인쇄 2017년 1월 3일
1판 1쇄 발행 2017년 1월 10일

지은이 다이앤 샌필리포
지은이 제효영

발행처 고즈윈
발행인 이은주

신고번호 제300-2005-176호
신고일자 2005년 10월 14일

주소 (04029) 서울시 마포구 양화로 7길 84 영화빌딩 4층
전화 02-325-5676
팩스 02-333-5980

값은 표지에 있습니다.
ISBN 979-11-87904-01-4 13590

다이어트와 성인병의 적,
설탕으로부터 자유로워지자!

설탕 디톡스 21일

다이앤 샌필리포 지음 | **제효영** 옮김

고즈윈
God'sWin

차례

chapter

1

....

프로그램 기초

나와 설탕의 이야기

"설탕은 내가 좋아하는 음식이자 평생 유일하게 중독된 대상이다."

- 배우 크리스핀 글러버(Crispin Glover)

내가 어린 시절에 살았던 뉴저지 작은 마을의 한 거리 모퉁이에는 24시간 편의점이 있었다. 1.8리터짜리 탄산음료와 잡지는 물론이고 비상용 자동차 부품과 복권까지, 없는 물건이 없는 이 가게에는 사탕도 많았다. 그것도 아주 많이. 사탕이 즐비한 진열대에서 나는 꼭 집에 온 것 같은 편안함을 느꼈다. 집안일을 돕고 용돈을 받으면 나는 무조건 그곳으로 달려가 스니커즈며 초콜릿, 초코바, 막대사탕, 초코캐러멜, 사탕을 사는 데 몽땅 써버렸다.

한 마디로 나는 '캔디 걸'이었다. 사탕이 하나라도 있으면 다 먹어치워야 직성이 풀렸다. 밤이고 낮이고 사탕은 얼마든지 먹을 수 있었다. 핼러윈 다음 날인 11월 1일에는 아침에 일어나자마자 전날 받은 사탕을 아침밥 대신 먹었다. 사탕에 관한 한 내게 틈이라곤 요만큼도 찾을 수 없었다. 엄마는 어떻게든 숨기려고 했지만 나는 다 찾아냈다.

나와 설탕 사이에 맺어진 이 관계는 어린 시절이 지나도 끊어지지 않았다. 끊어지기는커녕 어른이 되어도 그 관계는 탄탄하게 유지됐다. 먹고 싶은 건 무엇이든, 언제든 먹을 수 있게 되자 나는 고삐 풀린 망아지가 됐다. 생일 케이크를 아침 식사로? 너무 좋지! 먹고 남은 파이를 오후에 간식으로? 말해 뭐해!

사탕이 전부가 아니었다. 당분이 들어간 음식은 어떤 형태로 되어 있건 다 좋았다. 베이글, 프레첼, 샌드위치 식빵, 파스타 등 몸속에서 당으로 바뀌는 정제된 탄수화물이면 전부 그랬다(이 부분에 대해서는 뒤에서 알게 될 것이다). 고등학교 시절에는 운동선수로 활약했기에 탄수화

물 섭취량을 늘릴 필요가 있었다. 문제는 대학에 들어가서도 계속 운동선수처럼 먹어대면서 예전처럼 운동을 하지 않았다는 것이다. 그러니 살이 찌기 시작했다. 정확히는 16킬로그램이 늘었다.

마침내 몸에 일어난 변화를 해결해야 한다는 사실을 깨닫고, 나는 다급히 다이어트의 세계로 뛰어들었다. 지방을 두려워하며, 먹는 칼로리 계산하기, 식품 라벨 읽기가 생활이 되었다. 입에 들어가는 음식은 무엇이건 열량과 지방, 섬유질 함량 등 숫자부터 확인했다. 하지만 어떤 성분이 들어갔는지는 전혀 읽어보지 않았다. "몸에 좋은" 가공식품, 섬유질이 많이 들어 있다는 시리얼, 콩으로 만든 치즈, 저지방 그래놀라 바와 무지방이라고 적혀 있는 건 다 먹었다. 식사 때가 되면 배가 잔뜩 부를 때까지 밥을 먹었지만 2시간 정도 지나면 간식을 먹어야 몸의 에너지를 유지할 수 있었다. 그래야 허기가 져서 좀비 같은 꼴이 되는 상황을 면할 수 있었다.

VS

나와 친구 몇 명은 식당에서 음식이 20분 이내에 나오지 않으면 '행그리'가 되기 일쑤였다(헝그리＋앵그리＝행그리!). 그럴 때를 대비하여 핸드백 안에 그 유명한 저지방 그래놀라 바를 챙겨 두었지만 별 도움은 되지 않았다. 내 몸에 혈당이 롤러코스터라도 탄 것처럼 급격히 오르락내리락 한다는 사실 정도는 알고 있었지만 해결 방법을 알 수가 없었다! 2시간 간격으로 음식을 먹어야만 버틸 수 있는데, 주위에서는 "밥을 적게 먹어야 한다", "혈당을 올리려면 탄수화물을 좀 먹어봐" 같은 소리만 할 뿐이었다.

자연스럽게 배가 고픈 상태와 나쁜 탄수화물을 너무 많이 먹어서 '행그리' 상태가 되는 것은 분명 차이가 있다. 행그리 상태는 혈당이 급격히 치솟았다가 이내 바닥으로 곤두박질치며 몸에서 벌어진 상황을 이해해보려고 안간힘을 쓰는 것과 같다. 몸이 덜덜 떨리고 정신이 나갈 것 같은 느낌이 들면서 진땀이 나고, 심할 때는 구역질까지 났다. 먹을 것을 손에 쥘 수만 있으면 뭐든 다 할 수 있을 것 같은 기분까지 들었다. 그런 상태까지 가지 않고 그냥 배가 고플 수 있다는 사실을 그때 나는 전혀 알지 못했다.

이후 몇 년간 나는 체중 감량에 성공했지만 그건 적게 먹고 운동을 과하게 한 결과였다. 살을 빼는 방법은 여러 가지라는 사실에 반박할 생각은 없지만 내가 택한 건 건강을 고려한 방법이 아니었다. 기분도 엉망진창이었다. 저칼로리, 저지방 식품에 영양소가 적은 음식으로는 내 몸이 필요로 하는 영양을 충분히 얻을 수가 없었다! 혈당은 롤러코스터에 올라탄 듯한 상태에서 벗어나지 못해서 먹는 음식에 따라 몸의 에너지도 온종일 왔다갔다 급변했다.

그러다 운동을 함께하던 트레이너에게서 음식을 먹을 때 균형을 생각해야 한다는 이야기를 들었다. 단백질을 적당히 먹고, 지방과 채소를 충분히 먹으면 기분이 한결 나아진다는 것이다. 처음에는 반발심이 들었다. 지방을 먹으면 뚱뚱해질 거라는 확신이 있었으니까. 세상에, 지금 생각하면 그게 얼마나 잘못된 큰 착각이었는지 모른다. 마침내 지방을 먹는 것에 대한 걱정을 접기로 하고, 나는 새로운 식생활을 한번 시도해보기로 결심했다. 코코넛 오일을 넣고 요리한 닭 허벅지 살과 케일 같은 음식으로 꽤 푸짐한 식사를 하기 시작하자, 밥을 먹고 몇 시간이 지나도 배가 고프지 않았다. 그리고 배가 고파지면 정말 배만 고팠다. 드디어 식사를 하면 포만감을 느낄 수 있게 된 것이다.

단백질과 지방이 만들어낸 변화는 실로 어마어마했다! 설탕과 정제된 식품을 다 끊고, 글루텐을 먹지 않고, 이어 다른 곡류와 콩 종류도 식단에서 제외하자 혈당이 안정을 찾았다. 정말 기적 같은 일이었다. 1시간 이상 외출할 때 핸드백에 간식을 챙기지 않아도 되는 생활이 가능해진 것이다. 음식에서 해방된 순간이었다!

혈당이 차분해진 그 영광스러운 시간이 1년 정도 흐른 뒤, 나는 그만 실수를 저질렀다. 내가 살던 아파트와 몇 블록 떨어진 스타벅스에서 일하던 시절의 일이다. 바빠서 점심 식사도 못한 채 어느새 오후 4시 정도가 된 어느 날, 나는 지독한 허기에 빠져버렸다. 그렇게 오랫동안 굶는 건 별로 좋지 않다는 사실을 잘 알고 있었지만 어쨌든 그런 상황이 되고 말았다. 그런데 일을 마치고 집에 가서 허기를 달래는 대신, 나는 사탕 가게에 들렀다.

오랫동안 잠들어 있었을 뿐 완전히 사라지지는 않았던 '캔디 걸'이 그날 본색을 드러냈다! 젤리와 감초 사탕, 그 외에 설탕이 잔뜩 들어 있는 사탕을 100그램 정도 샀던 걸로 기억하는데, 그렇게 구입한 사탕을 몽땅 다 먹어치웠다. 그것도 그 자리에서 한꺼번에.

그로부터 1시간쯤 지났을까. 집에 돌아와서 저녁 식사 준비를 막 시작하려는데 일이 벌어졌다. 어마어마한 당분을 섭취한 후폭풍으로, 혈당이 평생 한 번도 경험한 적 없는 수준까지 폭증한 것이다. 나를 통째로 집어 삼켜버리는 그 행그리 상태가 찾아왔다. 몸이 떨리고, 땀이 나고, 곧 정신을 잃을 것 같은 기분이 엄습했다. 바닥에 쓰러질 것 같다는 확신이 들 정도

글루텐이라는 단어는 글리아딘 단백질이나 그 외 곡류에 포함된 다양한 구성 성분 중에서 인체에 나쁜 반응을 일으킬 수 있는 성분을 포괄하는 용어로 많이 사용된다. 글루텐은 밀, 보리, 호밀, 라이밀, 귀리와 같은 곡류와 이 곡류로 만들어진 부산물에 함유되어 있다(교차오염을 통해 포함되는 경우도 흔하다). 그 밖에 다른 종류의 곡류와 이러한 곡류를 가공해서 만든 일부 식품에도 들어 있다.

였다. 마침 냉장고에 당시 처음 시도해보려고 사둔, 살균하지 않은 우유가 조금 남아 있었다. 나는 그 생유를 꺼내 들고 작은 컵에 가득 따라서 마셨다. 그리고 다시 한 컵을 더 들이켰다.

겨우 몸 상태가 나아지기 시작하자, 나는 그동안 내가 지켜온 식생활이 바른 길이었다는 사실을 뼈저리게 깨달았다. 그리고 두 번 다시 내 몸이 그런 일을 겪지 않도록 하리라 다짐했다. 설탕과 정제된 식품을 식단에서 제외시키고 얻은 인체의 에너지는 그 전까지 내가 항상 갈구하던 것이었다. 수면도 개선되고, 심지어 수년간 나를 괴롭혔던 만성 축농증도 나아졌다. 계속 나빠지기만 하던 충치도 더 이상 진행되지 않는 상태가 되었다. 특히 놀라운 변화는 시력까지 좋아졌다는 것이다. 늘 사용하던 도수대로 콘택트렌즈를 구입하면 너무 어지러울 지경이었다. 길거리 곳곳에 들어선 상점에서 손쉽게 구할 수 있는 음식 대신 우리 몸이 원하는 음식을 공급했을 때 나타난 변화는 그야말로 놀라울 뿐이다.

어릴 때부터 내가 겪어온 일들, 혈당이 춤추듯 오르락내리락하던 경험, 수년간 공부한 전인적 영양학. 그리고 영양 컨설턴트이자 교사로 고객들과 만났던 지난 몇 년간 쌓은 경력을 토대로 나는 '설탕 디톡스 21일 프로그램'을 개발했다. 설탕과 탄수화물을 먹고 싶은 강렬한 욕구에서 벗어날 수 있는 과정을 누구든 쉽게 시작하고, 변덕스러운 혈당을 차분하게 안정시키려는 사람들에게 길을 열어주는 것이 이 프로그램의 목표이다.

'설탕 디톡스 21일 프로그램'은 몇 년 전에 전자책으로 먼저 소개되어 이미 수천 명의 사람들이 성공적인 결과를 거두었다. 설탕을 없앴을 뿐인데, 시작하기 전에는 아예 생각지도 못했던 일들이 현실이 되었다.

나의 목표는 예나 지금이나 한결같다. 먹는 음식에 균형을 찾고, 사탕과 정제된 식품을 먹는 습관을 바꾸면 삶이 달라질 수 있다는 사실을 보여주는 것이다. 그러나 설탕을 먹으면 의학적, 임상학적으로 어떤 일이 벌어지는지에 대해서는 일일이 살펴보지 않을 계획이다. 서점에 이미 그런 주제의 책은 많다. 대신 설탕 디톡스 프로그램을 통해 식탐의 악순환을 끊을 수 있는 효과적이고 확실한 식생활로 여러분을 안내할 것이다.

여러분의 건강을 기원하며, Diane

머리말

"혈당 균형을 찾으면, 음식에 대한 갈망을 자연스럽게 줄일 수 있습니다."

– 마크 하이먼(Mark Hyman) 박사

일단 축하인사부터 하고 시작하자. 여러분은 설탕 중독에서 벗어나는 여정에 이미 첫발을 디뎠다. 설탕이 몸에 발생시킨 악영향을 이미 잘 알고, 충분히 느꼈기에 이 책을 펼쳤으리라 생각한다.

설탕 디톡스가 과연 필요한지 아직 확신을 못하겠다면 잠시 아래 질문에 답을 해보기 바란다.

1. 매일, 하루 종일 설탕이 들어 있는 음식이 마구 당기는 편인가? 매일이 아니라면 일주일에 몇 번 정도 그럴 때가 있는가?사탕, 과자, 초콜릿, 과일을 한 번에 많이 먹는 것도 포함된다.

2. 탄수화물은 어떤가? 빵, 쌀, 파스타, 패스트리, 시리얼(오트밀도 포함된다!), 샌드위치, 랩샌드위치, 아침 식사 대용으로 먹는 바 종류는 어떤지 생각해보자.

3. 끼니마다 달달한 음식을 먹거나, 간식으로 그런 음식을 챙겨 먹는 편인가?

4. 하루 동안 인체 에너지가 급격히 치솟았다가 뚝 떨어지는가?

5. 자고 일어나도 피곤할 때가 많은가?

6. 에너지 음료를 매일, 또는 일주일에 여러 번 마시는가?

7. 체지방을 줄이려고 노력하는 중인가?

8. 지방 섭취를 줄이고 통곡물을 많이 먹는 다이어트를 해도 별로 효과가 없는가?

9. 현재 식생활로는 포만감이 들지 않고, 허기가 져서 두세 시간 간격으로 간식을 찾게 되는가?

10. 자연 식품을 먹는 식생활을 시작했는데(구석기 다이어트, 원시인 다이어트, 탄수화물 적게 먹는 다이어트, 채식, 웨스턴 프라이스 다이어트, 리얼푸드 다이어트 등) 여전히 탄수화물이나 설탕을 먹고 싶은 욕구는 변함이 없는가?

대부분의 사람들이 위의 질문에 최소 한 가지는 '그렇다'고 답한다. 여러분도 그렇다면, 이 책에서 소개할 3주간의 디톡스 프로그램이 필요하다. 아주 힘든 도전이 되겠지만 그럴 만한 가치가 충분할 거라고 미리 약속한다.

설탕에는 아주 교활한 면이 있다. 한없이 갈구하게 만들고 몸을 뚱뚱하게 만드는 데 그치지 않고, 너무 많이 먹으면 단기적으로나 장기적으로 온갖 건강 문제를 일으킬 수 있다. 좀 더 명확한 근거를 제시하기 위해 설탕 중독, 만성화된 혈당의 급격한 변화, 영양소가 부족한 탄수화물 식품의 과도한 섭취로 인한 영양 결핍 등으로 발생할 수 있는 문제들부터 살펴보자. 다소 모호하게 나타나는 징후부터 정리하면 아래와 같다.

단기적인 영향		장기적인 영향	
• 급격한 기분 변화	• 피로	• 빈혈	• 부신 피로, 부신의 기능부전
• 여드름, 발진	• 근육통, 근육 약화	• 우울증, 불안증	• 척추 장애, 신경 장애
• 생리 전 증후군, 생리통	• 감기와 독감에 잘 걸린다	• 낭포성 여드름, 습진,건선	• 인슐린 저항성, 제2형 당뇨
• 잠을 자도 몸이 개운하지 않다	• 다른 음식에도 중독된다	• 다낭성 난소증후군, 불임	• 알츠하이머 병
		• 불면증	• 물질 남용

음식이나 사탕에만 적용되는 이야기가 아니다. 포장되어 있는 식품이나 가공식품을 아예 끊은 사람도 생각보다 많은 설탕을 먹게 될 가능성이 있다! 요즘 슈퍼마켓은 그야말로 지뢰밭과 다름없다. 빵, 파스타 소스, 샐러드드레싱, "천연" 땅콩버터, "건강에 좋은" 시리얼, 심지어 조리해서 판매하는 식육 제품에 이르기까지 첨가된 당류가 숨어 있기 때문이다. 이와 같은 식품들은 과학적인 기술의 힘으로 소비자의 감각을 의식적으로나 무의식적으로 잡아끌게끔 만들어진다. 식품 과학자들은 단맛, 짠맛, 고소한 맛이 가장 절묘하게 어우러지는 접점을 찾거나, 최소한 소비자가 그와 같이 입에 딱 붙는다고 느낄 만한 맛을 찾기 위해 끊임없이 노력한다. 그래야 다시 그 식품을 찾고 더 많이 먹도록 만들 수 있기 때문이다. 탄산음료에 나트륨이 들어 있다는 사실을 혹시 아는지? 갈증을 해소하려고 마신 음료가 오히려 목을 더 마르게 만드는 것이다! 아주 교묘하지 않은가? 게다가 탄산음료 캔 하나에는 설탕

가공식품을 먹지 않으면 유전자재조합(GMO) 성분도 자연스레 먹지 않게 된다. 가공식품에 함유된 설탕의 55퍼센트가 유전자재조합된 것이기 때문이다. GMO가 건강에 어떤 영향을 주는가에 대해서는 아직까지 논란이 되고 있지만, 굳이 위험을 감수할 필요는 없지 않을까.

이 티스푼 10개에 해당하는 양만큼 들어 있다. 미국 질병통제예방센터에 따르면 2005년부터 2010년까지 성인이 하루에 섭취한 총열량의 13퍼센트 정도가 이러한 첨가당에서 비롯된다고 한다. 티스푼 22개에 해당되는 양이다! 첨가당을 피하려면 일단 포장된 식품부터 식생활에서 제외시켜야 한다. 그래야 유해한 성분과 보존료의 섭취량을 크게 줄일 수 있다. 상황이 아주 불리하게 돌아간다는 기분이 들지도 모르지만 이 책이 여러분 편에서 도움을 줄 수 있다. '설탕 디톡스 21일 프로그램'을 통해 자신이 어떤 음식을 먹는지, 그 음식이 몸에 어떤 작용을 하는지, 설탕 중독의 악순환을 어떻게 깨고 나올 수 있는지 알게 될 것이다.

티스푼 22개 분량의 설탕

설탕 디톡스 21일 프로그램이란?

설탕 디톡스 21일 프로그램은 자연식품을 기본 토대로 삼아 설탕과 탄수화물을 향한 식욕을 줄이거나 아예 없애기 위해 탄생했다. 3주 동안 양질의 단백질, 건강에 좋은 지방, 유익한 탄수화물을 섭취하는 것에 중점을 두는 프로그램이며, 이를 통해 평소 먹는 음식은 물론 식습관과 미각도 바뀌어서 다양한 음식에 반응할 수 있게 된다. 첨가당과 과도하게 단 음식을 먹지 않고 혀가 단맛을 인지하는 방식이 새롭게 바뀌면, 전에는 달콤한 줄도 몰랐던 음식이 시간이 갈수록 달게 느껴지기 시작한다. 책 뒤에 나와 있는 레시피대로 똑같이 만든 음식도, 1일차에 먹을 때와 21일차에 먹을 때 맛에 큰 차이를 느낄 것이다!

설탕 디톡스 21일 프로그램은 탄수화물을 아예 먹지 않거나 극도로 줄이는 방식을 택하지 않는다. 아삭아삭한 잎채소를 무한정 먹고, 과일도 적정량 섭취하고, 비트, 호박 등 전분 함량이 약간 더 높은 채소 등 탄수화물도 충분히 섭취한다. 단, 몸에 이로운 탄수화물만 먹는다는 차이가 있다. 인체 에너지를 고갈시키고, 그렇지 않아도 힘든 여정에서 체지방을 늘려 모든 노력을 수포로 만드는 해로운 탄수화물은 배제된다.

이 프로그램을 시작하면, 각종 '다이어트'와는 다른 경험을 하게 될 것이다. 매일 먹는 음식

건강을 최적의 상태로 만들기 위해서는 지방을 꼭 섭취해야 한다는 사실에 놀란 사람도 있을 것이다. 설탕 디톡스 21일 프로그램에서도 그 원칙을 지킨다. 몸에 이로운 지방에는 코코넛 오일, 버터, 라드, 올리브유 등 자연적으로 만들어진 포화지방과 단일불포화지방이 포함된다. 이와 같은 지방을 섭취하면, 설탕을 끊은 후에 인체가 지방을 연소하는 데 도움이 된다!

이 바뀌면 음식이 몸에서 어떻게 작용하는지 새로운 사실을 알게 되고, 영양이 생활 전체에 얼마나 많은 영향을 주는지도 깨닫게 된다.

설탕 디톡스 21일 프로그램은 설탕과 탄수화물을 향한 갈망을 없애는 동시에 인체에 영양을 제대로 공급하는 출발점으로 활용할 수 있다. 21일간의 프로그램이 모두 끝나면, 놀라운 변화를 느끼고 계속해서 같은 방식으로 식생활을 이어갈 가능성이 매우 높다. 에너지가 증대되고, 집중력이 높아지고, 잠도 깊이, 훨씬 편안하게 자는 등 기대하지도 않았던 변화를 느끼게 된다. 더불어 강렬한 식욕에서 벗어나고, 스트레스 받을 때 달콤한 음식으로 위안을 얻을 필요가 없어지는 등 시작하기 전에 기대했던 결과도 함께 얻을 수 있다.

이 책은 여러분에게 다양한 모습으로 우리 앞에 놓여 있는 설탕을 왜 피해야 하는지 수많은 이유를 설명한다. 여러분이 그동안 설탕과 맺은 관계를 바꾸어야겠다고 다짐하게 만드는 것이 내가 이 책을 쓴 궁극적인 목적은 아니다. 3주간의 프로그램을 공유하는 것이 목적일 뿐, 그 계획을 모두 완료하고 일단 변화를 경험하면 내가 설득하지 않아도 여러분 스스로 그런 다짐을 하게 될 것이다!

설탕을 '디톡스(해독)'한다는 것은 무슨 의미일까?

우리가 의식적으로 전혀 알아채지 못하는 동안에도 우리 몸은 매일, 쉬지 않고 갖가지 기능을 수행한다. 생각해보면 우리 삶에서 그것만큼 놀라운 일은 없다. 자율 신경계는 우리 의지와 상관없이 심장 박동과 체온, 소화와 같은 기능을 조절하기 위해 셀 수 없이 많은 일을 수행한다. 또 각 장기의 기능을 조절하고, 해독 작용도 실시한다.

디톡스란 몸에서 독소를 제거하는 것을 뜻한다. 우리가 깨닫든 깨닫지 못하든 그 과정 전체가 포함된다.

체내에 있는 독소가 언제 어떻게 제거되는지 우리는 생각할 필요가 없으니 참 다행스러운 일이다. 이 일은 간이 맡도록 되어 있고 간은 주어진 역할을 상당히 잘해내고 있다. 그런데 환경에 존재하는 독소가 몸에 너무 많이 쌓였다면, 가령 스모그나 유독한 화학 성분이 포함된 세정제 같은 물질이 쌓여 간이 과중한 업무를 떠안게 되었다면 어떻게 될까? 알코올도 마찬가지여서, 간의 입장에서는 다른 독소를 어떤 것부터 내보내야 할지 순위를 매기기도 전에 알코올부터 먼저 체외로 배출해야 한다. 설탕은 어떨까? 혈액에 설탕이 과량 존재하면, 간은 이를 해결하기 위해 추가적으로 많은 노력을 해야 한다.

'디톡스'라고 하면 간에 응급처치를 하거나, 식이보충제를 한 움큼 삼키는 것으로 생각하는 사람들이 있다. 하지만 술을 마시지 않고, 몸속에 유입되는 음식의 종류를 바꿔서 일상적으로 간에 주어지는 부담을 줄여주는 건 어떨까? 이 간단한 변화는 인체의 해독 기능을 크게 향상시키고, 간이 우리가 먹고 마신 음식에 집중하는 대신 환경에서 유입된 독소를 우선 처리할 수 있도록 해준다. 간이 알코올과 설탕을 처리하는 일에서 간이 벗어나면 독소를 내보내는 기능이 새롭게 발휘된다. 이는 설탕 디톡스 21일 프로그램을 실천하는 사람들이 처음 시작하고 이틀 정도가 지난 뒤 두통이나 피로감을 느끼는 이유이기도 하다.

그러나 해독의 또 다른 과정이자 훨씬 더 중요한 과정도 반드시 알고 있어야 한다. 독성 물질을 몸에서 내보내는 것도 중요하지만 생활에서도 없애야 한다. 이를 위해서는 이 해로운 물질을 피할 수 있도록 생활 속에서 새로운 습관을 들이려는 노력이 필요하다.

간이 알코올이나 넘쳐나는 당을 해독해야 하는 부담에서 벗어나면 체지방에 쌓인 독성 물질을 배출하는 일에 집중할 수 있다. 이 과정에서 두통이나 관절통, 근육통, 피로감, 소화 방식의 변화, 피부 발진, 식욕 감퇴와 같은 몇 가지 불편한 증상이 일시적으로 발생하는 경우가 많다.

새로운 습관을 들이려면 21일이 소요된다는 연구결과도 있지만, 실제로 기존과 다른 선택을 하고 다른 방식으로 살아가는 데 3주 정도가 소요된다는 것은 많은 사람들을 통해 분명하게 입증되었다. 그와 같은 연구에서는 뇌가 반복되는 일에 지극히 민감하고, 또 좋아한다는 사실에 주목한다. 뇌는 우리가 하는 행동과 습관처럼 내리는 선택의 패턴을 몸에 새기듯 기억한다. 따라서 익숙한 일을 반복해서 실행에 옮길수록 점점 더 쉬운 일이 된다. 습관이 된 일은 더 많이 하려는 경향이 나타나는데, 이는 덜 집중해도 할 수 있기 때문이다. 아무런 고민 없이 차를 몰고 회사로 출근하는 일을 생각해보자. 수차례 같은 경로로 가면 그 길로 출근하는 것이 습관이 된다. 일단 새로운 습관을 시도해보기로 하고 뛰어들면, 14일 후에는 수월해지고 21일째가 되면 거침없이 진행된다.

21일 동안 설탕 디톡스 프로그램을 실행하다 보면 입맛이 서서히 변하는데, 이것은 직접적인 '해독' 효과에 해당되지는 않지만 새로운 습관이 형성되도록 도와주는 역할을 한다. 프로그램에 포함된 음식 중에서 과일은 그나마 최소한의 단맛이라도 느낄 수 있는 음식에 속하는데, 이렇게 하는 데에는 다 그럴 만한 이유가 있다. 앞서 설명했듯이 설탕 디톡스 21일 프로그램은 미각을 변화시킨다. 단 음식이나 탄수화물 식품에 대한 식욕을 없애려는 사람들이 대부분 고려하지 않는 문제 중 하나가 단맛이다. 특히 단맛이 나온 원천이 무엇인지 전혀 따지지 않고 먹는 것이 문제이다. 식생활 개선 프로그램 중에 간혹 설탕을 인공감미료로 대체하면 된다고 하는 경우가 있는데, 설탕 디톡스 21일 프로그램에서는 절대 그런 권고를 하지 않는다. 인공감미료는 설탕 디톡스와 상관없이 일상적으로 먹으면 안 되는 물질이다. 인공적으로 합성된 감미료의 악영향과 그러한 감미료의 대다수가 만들어지는 방식은 재미없고 따분한 이야기일지 몰라도 나는 그 내용을 알게 된 후부터 사람들에게 인공감미료는 먹지 말라고 당부한다. 열량이 있든 없든 인공감미료는 모두 입맛에 영향을 주고, 그로 인해 발생하는 신체적, 정서적 반응을 생각하면 인공감미료를 모두 배제해야 설탕 디톡스가 효과적으로 이루어질 수 있다.

디톡스의 개념은 여러 가지 형태로 활용된다. 대부분의 프로그램은 동물성 식품을 일체 먹지 않는 등 극도로 제한된 음식만 먹도록 한다. 프로그램에서 정한 기간 동안 쉐이크나 주스,

스무디만 먹도록 하는 프로그램도 있다. 또 식이보충제에 큰 비중을 두고, 열량과 지방이 극히 낮은 음식을 권장하는 프로그램도 있다. 어떤 형태의 디톡스 프로그램을 택하든, 목표는 건강에 해로운 영향을 주는 물질을 인체가 자연스럽게 배출할 수 있도록 돕는 것이어야 한다.

설탕의 독성에서 벗어난다는 것은 몸이 설탕을 갈구하는 상태에서 벗어나는 것이고, 동시에 설탕을 섭취하는 시점이나 섭취하는 양, 섭취하는 형태를 중심으로 구축된 일상생활에서도 벗어나는 것을 의미한다. 설탕에 대한 신체적인 욕구에서 자유로워지는 것, 그리고 며칠, 몇 주, 몇 달, 나중에는 수년이 지나도 설탕을 원하거나 필요로 하지 않고 지낼 수 있도록 하는 것이 설탕 디톡스 21일 프로그램의 목표이다.

내게 맞는 프로그램일까?

설탕 디톡스 21일 프로그램은 각양각색 다양한 사람들에게 잘 맞는 프로그램이다. 전체적인 체계가 매우 탄탄하면서도 그 범위 내에서 상당히 유연하게 조정할 수 있다. 매일 어떤 음식을 언제, 얼마나 먹어야 하는지 정확한 지침이 필요한 사람은 이 책에 나온 21일치 식단을 그대로 지키면 된다. 또 식단에 개인적인 의견을 담고 유연하게 바꾸고 싶은 사람은 먹어도 되는 음식과 먹으면 안 되는 음식 목록을 참고해서 본 프로그램의 큰 지침에 어긋나지 않는 범위에서 직접 식사와 간식을 마련하면 된다.

몸에 이롭고, 건강 목표를 이루는 데 도움이 되고, 기분도 더 나아지게 해줄

디톡스를 시작하지 말아야 할 사람은?
마라톤이나 그 밖에 지구력이 큰 비중을 차지하는 운동 경기에 출전하려고 준비 중인 사람은 설탕 디톡스 21일 프로그램을 경기가 끝난 이후에 시작하는 것이 좋다.

음식을 골라서 먹기로 굳게 마음먹었다면, 이 프로그램이 딱 맞다.

진짜 음식, 자연식품을 먹어야 한다는 사실을 마음속으로는 이미 잘 알고 있다면, 이 프로그램이 딱 맞다. 직접 주방에서 간단하지만 맛있는 음식을 만들어볼 준비가 되었다면 이 프로그램이 딱 맞다.

아무것도 못 먹겠다는 심정이 들 만큼 크게 겁을 주지 않으면서도 설탕의 부정적인 영향을 알기 쉽게 설명해줄 자료를 찾고 있다면, 이 프로그램이 딱 맞다.

설탕을 먹는 습관을 버리도록 자극을 주려는 목적으로 여러분이 지난 10년간, 혹은 20년, 30년 또는 그 이상 식생활에서 무엇을 어떻게 잘못했는지 하나하나 따져가며 혼쭐을 내는 방식을 원치 않는다면, 이 프로그램이 딱 맞다.

마법의 약이나 특효약, 쉐이크, 또는 몇 가지 식이보충제를 먹는 것으로는 설탕에 대한 갈망을 없애지 못한다는 사실을 잘 알고 있다면, 이 프로그램이 딱 맞다.

모든 결심을 마치고 이 책과 프로그램이 자신에게 잘 맞는다는 확신이 든다면, 이제 시작해보자!

이 책은 설탕과 탄수화물을 향한 강렬한 욕구를 없애기 위한 3주간의 일정 동안 큰 도움이 될 도구와 팁, 자료를 제공한다. 먼저 첫 부분에서는 설탕에 관한 정보와 몸이 탄수화물을 어떻게 처리하는지에 관한 기본적인 정보를 과학적으로 살펴본다. 그다음 순서로 이 프로그램에서 매일 무엇을 해야 하고, 어떻게 준비해야 하는지 설명할 것이다. 눈에 띄지 않는 설탕을 찾아내는 방법과 먹어도 되는 지방, 먹지 말아야 할 지방, 설탕 디톡스 21일 프로그램에 맞게 외식하는 방법과 같은 유용한 정보는 책 전반에서 제시된다. 모두 프로그램을 이어가다 보면 여러 번 반복해서 찾게 될 내용들인데, 필자의 웹 사이트에서도 그와 같은 정보를 확인할 수 있고(balancedbites.com/21DSD), 인쇄해서 냉장고에 붙여두면 필요할 때 쉽게 찾을 수 있을 것이다. 이 모든 과정을 이어가는 동안 그 밖에 필요한 정보나 디톡스 과정이 완료된 이후의 식생활에 참고할 만한 팁과 비결도 이 책에서 함께 제시된다.

프로그램에 관한 배경 정보를 설명한 다음에는 간단한 퀴즈를 풀어보고 여러분 각자에게 알맞은 레벨을 찾게 한다. 이 단계에서 각자의 상황에 맞게(임신 중이거나 모유 수유 중인 경우, 또는 운동선수인 경우 등) 프로그램의 세부적인 내용을 변경하고 조정할 수 있다. 또한 프로그램 각 레벨의 내용이 어떻게 다른지도 별도로 설명하고, 먹어도 되는 음식과 먹으면 안 되는 음식 목록을 마련하여 레벨별로 무엇을 먹고 무엇을 피해야 하는지 안내한다. 그 밖에 이 책에 담긴 레시피를 활용하는 21일치 식단과 각자의 필요에 따라 본 프로그램을 조정하는 방법에 관한 정보도 제시된다. 맛있고 만들기도 간편한 레시피는 아침 식사 메뉴부터 주식, 간단히 요기할 수 있는 간식 등 다양한 종류로 구성된다. 이 레시피는 각자가 선택한 프로그램 레벨이나 변경한 내용에 따라 해당되는 범위 내에서 활용해도 되고, 21일치 식단을 한꺼번에 짜놓고 그대로 지키는 형태로 활용해도 된다. 어떤 쪽이든 모두 여러분이 선택할 수 있다!

'생각만큼 쉽지 않을텐데!' 아마 여러분은 이렇게 생각할 것이다. 겁먹을 것 없다! 내가 여러분과 같은 고객들을 만나서 지난 수년 간 함께 일하면서 획득한 놀라운 자료가 지금 여러분 손 안에 있고, 수천 명의 사람들이 여러분보다 한 발 앞서 이 프로그램을 완료했다. 그러니 여러분도 해낼 수 있다. 그리고 도움이 필요한 순간마다 내가 손을 내밀 것이다.

간단히 정리한 설탕의 과학적인 특성

"튀기고, 부풀리고, 얇게 저미고, 가루로 빻은 것,
자잘한 조각으로 된 음식이나 인스턴트식품은 다 정제된 식품으로 보면 된다."

– 의학박사, 공인 임상영양사, 라디아 글라이스(Radhia Gleis)

우리는 왜 설탕을 간절히 원할까?

설탕 디톡스 21일 프로그램의 준비 단계를 시작하기에 앞서, 이 프로그램이 여러분의 건강을 어떻게 속속들이 개선시킬 수 있는지 그 근거를 몇 가지 살펴보자. 우리가 설탕과 탄수화물을 섭취했을 때 몸속에서 벌어지는 일들, 그와 같은 음식에 대한 식욕, 설탕이 유발하는 무력감과 그 밖에 다른 악영향이 발생하는 과학적인 이유를 알면 강력한 동기부여가 될 것이다. 설탕을 많이 먹으면 안 된다고 뜯어 말리기만 하는 대신 지금부터 여러분에게 왜 그래야 하는지 설명할 생각이다.

먼 옛날에는 단맛을 느낄 수 있는 음식이 과일과 꿀밖에 없었다. 두 가지 다 영양소가 풍부한데, 이들은 특정한 계절이나, 기후가 1년 내내 온화한 곳에서만 구할 수 있었다. 자연적으로 단맛이 나는 음식은 오늘날의 달달한 정제식품처럼 입맛을 과도하게 자극하거나 먹고 싶은 욕구를 강하게 일으키지 않는다. 현대인들이 정제된 설탕과 탄수화물로 섭취하는 열량에 비하면 인류의 조상이 당분의 형태로 섭취하는 열량은 극히 적었다. 첨가당은 아예 존재하지도 않았고, 자연적으로 단맛이 나는 식품이 전부였다.

그런데 대체 왜 우리는 단 음식을 이토록 좋아하고, 찾게 된 걸까? 설탕이 몸에 그렇게 나쁜데 왜 단 음식을 먹고 싶어 할까?

한 단어로 답할 수 있다. 도파민 때문이다.

도파민은 보상과 기쁨의 감정을 제어하는 신경전달물질(뇌에서 나온 신호와 뇌로 유입되는 신호를 전달하는 화학적인 메신저)이다. 신체 접촉이나 운동 등 건강에 유익한 수많은 이유로도 분비되지만, 카페인이나 마약, 설탕 등 특정 물질을 섭취하면 그에 대한 반응으로 분비되기도 한다.

설탕을 먹고 분비된 도파민은 몸 전체에 신호를 보낸다. '이 즐거움을 더 많이 느낄 수 있는 방법을 찾으라'고. 당분을 각종 베리류처럼 영양소 함량이 높은 식품으로 섭취한다면, 그리고 전반적으로 건강에 유익하고 균형 잡힌 식단을 지킨다면 이러한 즐거움도 나쁘다고 할 수 없다. 과일이나 꿀처럼 자연적으로 만들어진 당분만으로 이런 즐거움을 느끼면 그러한 식품에 담긴 다른 영양소도 충분이 섭취할 수 있고, 더 많이 먹고 싶은 욕구는 잠잠해진다. 단맛으로 즐거움을 느끼지만 계속 그 음식을 갈구할 정도로 그 즐거움이 치솟지는 않는다. 그러나 오늘날 벌어진 사태는 그리 간단치 않다. 현대인이 만들어낸 정제된 형태의 당분은 도파민 분비를 촉진할 뿐만 아니라 몸에 저장된 영양소를 빼앗아서(삽시간에 많은 양을 소진시킨다), 결국 설탕을 끊임없이, 더 많이 먹고 싶은 욕구를 일으킨다.

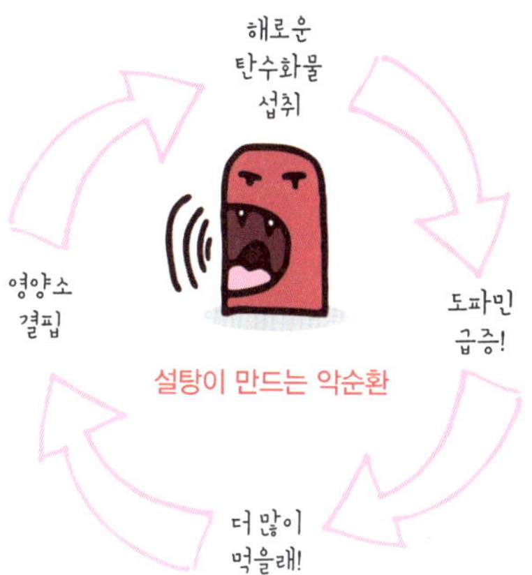

우리가 먹는 음식은 무엇으로 구성되나

우리는 음식이 무엇으로 구성되는지 깊이 생각하지 않는 경우가 많다. 그냥 아침밥이고 점심, 저녁 식사일 뿐, 혹은 간식이나 디저트 정도로 구분한다. 그러나 음식이 무엇으로 이루어졌는지 알면 식탁에 올라올 만한 음식이 맞는지 결정하는 데 아주 큰 도움이 된다.

영양에 관한 핵심 용어부터 간단히 알아보자.

우리가 먹는 음식에서 열량이 담긴 부분을 대량영양소라고 한다. 단백질, 탄수화물, 지방이 세 가지 대량영양소이다. 단백질과 탄수화물은 1그램당 4칼로리의 열량을 담고 있고, 지방은 1그램당 9칼로리의 열량을 담고 있다. 칼로리는 음식을 구성하는 대량영양소에서 우리가 얼

보강 식품은 가공 과정에서 소실된 영양소를 나중에 첨가한 식품이다. 빵을 비롯해 곡류로 만든 식품들이 이런 경우가 많다.

강화식품은 가공 전의 성분과 상관없이 영양소를 첨가한 식품이다. 최근 큰 인기를 얻는 식품들 중에서 예를 들면 시리얼이나 요구르트에 오메가 3 지방산을 첨가한 제품들이 해당된다.

을 수 있는 에너지를 나타내는 단위라고 생각하면 간단하다.

음식에서 열량이 없는 부분은 미량영양소라고 한다. 비타민, 무기질, 미량무기질, 유기산, 식물성 화학물질이 미량영양소에 해당된다. 이 성분들은 세포가 에너지를 만들어낼 수 있도록 영양을 공급하고 음식으로 섭취한 대량영양소의 대사가 순탄하게 이루어지도록 한다.

식품 1칼로리에 함유된 대량영양소의 양과 종류는 영양밀도라는 말로 표현한다. 이 책에서 한 가지 주의할 사항은, 내가 영양밀도를 언급할 때는 정제된 식품이나 성분이 인위적으로 보강되고 강화된 식품은 포함되지 않는다는 사실이다. 그와 같은 식품들은 자연적으로 생성된 비타민과 무기질이 일단 제거되고, 가공되는 과정에서 합성된 성분이 첨가되기 때문이다.

유익한 탄수화물, 해로운 탄수화물

지금부터는 탄수화물에 대해 좀 더 자세히 살펴보자. 설탕을 섭취하면 대량영양소 중에서 탄수화물을 섭취하게 된다. 요즘 건강 분야나 영양 관련 분야에서는 탄수화물을 둘러싼 논란이 아주 뜨겁다. 유익한 탄수화물은 무엇이고, 해로운 건 무엇일까? 그 두 가지가 인체에 어떤 영향을 주는지 설명하기 전에 우선 차이점부터 알아보자.

탄수화물에는 우리 몸에 유익한 종류가 있고 해로운 종류가 있다. 복합탄수화물과 단순탄수화물, 즉 통밀 빵이냐 흰 빵이냐의 문제가 아니다. 통밀 빵은 많이 먹어도 아무 해될 것도 없고 건강에 좋지만 흰 빵은 그렇지 않다고 이야기하는 사람들이 있는데, 이는 굉장히 위험한 생각이다. 라벨에 '통곡물'이라

추가 정보
영양소 함량이 높은 식품을 좀 더 자세히 알고 싶다면 제이슨 칼튼(Jayson Calton) 박사와 미라 칼튼(Mira Calton)이 쓴 책 《Rich Food, Poor Food》를 읽어보기 바란다.

고구마 103칼로리 

탄수화물 24그램

식이섬유 4그램

비타민 A 권장섭취량의 438%

비타민 C 권장섭취량의 37%

칼슘 권장섭취량의 4%

철 권장섭취량의 4%

성분 비강화 밀가루로 만든 빵 101칼로리 

탄수화물 20그램

식이섬유 1그램

비타민 A 권장섭취량의 0%

비타민 C 권장섭취량의 0%

칼슘 권장섭취량의 0%

철 권장섭취량의 1%

권장섭취량(RDA) = 미국 농무부가 설정한 일일 섭취 권장량

고 적혀 있는 식품은 무엇이든 마음껏 먹어도 된다고 이야기하는 영양학자도 있지만 나는 동의하지 않는다. 아마 여러분도 통곡물이 좋다는 이야기는 많이 들어보았을 것이다. 하지만 그런 이야기가 건강에 별로 도움이 안 됐으니 지금 이 책을 읽게 된 게 아니겠는가? 이제는 처음부터 다시 따져보고, 우리 몸이 이로운 탄수화물과 해로운 탄수화물을 실제로 어떻게 구분하는지 알아보아야 한다.

유익한 탄수화물은 영양 밀도가 높은 자연식품에 함유되어 있다. 설탕 디톡스 21일 프로그램에서 권장하는 유익한 탄수화물을 예로 들면 브로콜리, 컬리플라워, 버터넛 호박, 녹색 사과, 당근 등이 해당된다. 아주 간단하다.

해로운 탄수화물은 그보다 훨씬 복잡하다. 우선 가장 중요한 사실은 정제되고 인위적인 과정을 거쳐서 만들어진 식품은 몸에 나쁜 탄수화물이라는 것이다. 그렇다면 정제된 탄수화물을 쉽게 구분하는 방법은 없을까? 내가 즐겨 인용하는 문구 중에, 영양학자인 라디아 글라이스(Radhia Gleis)가 한 말이 가장 적합하다고 본다. "튀기고, 부풀리고, 얇게 저미고, 가루로 빻은 것, 자잘한 조각으로 된 음식이나 인스턴트식품은 다 정제된 식품으로 보면 된다." 이 세상에 존재하는 모든 정제식품을 제대로 구분할 수 있도록 하는 설명이다. 여러분이 그토록 사랑하는 통곡물 빵과 통곡물 파스타, 일곱 가지 통곡물이 들어 있어 섬유질 함량도 높다는 납작한 시리얼은 건강해지려는 목표에 힘을 보태줄 것 같지만 알고 보면 전부 정제된 식품이다. 해로운 탄수화물은 대량영양소 함량과 열량은 높지만 미량영양소는 부족하다. 해로운 탄수화물로 섭취하는 열량은 어마어마한데, 인체가 충분한 만족감을 느끼기 위해 필요한 성분과

성분 목록을 반드시 읽을 것

식품 제조업체들은 대부분의 사람들이 제품 라벨을 보더라도 영양 성분표만 볼 뿐, 기다란 성분 목록은 제발 들여다보지 않기를 기대한다. 그 긴 목록에는 인위적으로 만들어진 성분들, 제대로 발음하기도 힘든 물질들이 적혀 있다. 아래에 요즘 "몸에 좋은" 식품으로 인기리에 판매되는 몇 가지 제품의 성분을 적어보았다. 아마 제대로 보고 나면 눈이 휘둥그레질지도 모른다! 천연 감미료나 천연 성분에서 얻은 감미료는 굵은 글자로, 인공 감미료는 굵은 기울임체로 표시했다. 또 한 가지 유념해야 할 사항은 성분이 배열된 순서다. 각 성분들은 제품에 들어 있는 함량이 많은 순서대로 나와 있다. 이런 이유에서 많은 식품 제조업체들이 감미료가 다른 어떤 성분보다도 많이 들어 있다는 사실을 감추려고 여러 종류의 감미료를 사용한다!

카시 고린 크런치 시리얼(Kashi GOLEAN Crunch! Cereal)

성분: 카시 일곱 가지 통곡류와 참깨 블랜드(경질 붉은 통밀, 현미, 보리, 라이밀, 귀리, 호밀, 메밀, 참깨), 대두 플레이크, **현미시럽**, **건조 사탕수수시럽**, 치커리 뿌리 섬유질, 통귀리, 압착 추출된 카놀라유, **꿀**, 소금, 시나몬, 신선도 유지를 위해 첨가된 혼합 토코페롤

요플레 라이트 스트로베리 요거트(Yoplait Light Strawberry yogurt)

성분: 배양균이 첨가된 저온살균 A등급 무지방유, 딸기, 옥수수 변성전분, **설탕**, 코셔 등급 젤라틴, 구연산, 삼인산칼슘, *아스파탐*, 신선도 유지를 위해 첨가된 소르빈산칼륨, *아세설팜칼륨*, 천연 향료, 적색 40호, 비타민 A 아세테이트, 비타민 D3

휘트 틴스 오리지널 크래커(Wheat Thins Original crackers)

성분: 통밀가루, 무표백 강화밀가루(밀가루, 나이아신, 환원철, 티아민 질산염비타민 B1, 리보플라빈비타민 B2, 엽산), 대두유, **설탕**, 옥수수 전분, **몰트시럽(보리, 옥수수로 생산)**, 소금, **전화당**, 팽창제(인산칼슘, 베이킹소다), 식물성 색소(아나토 추출물, 강황 올레오레진), 신선도 유지를 위해 포장재에 BHT(부틸히드록시톨루엔) 첨가

몸에 영양을 공급하는 성분, 즉 비타민과 무기질은 절대로 채울 수가 없다.

동일한 열량의 고구마와 성분이 강화되지 않은 일반 밀가루로 만든 빵을 비교해보면 이 문제가 보다 명확하게 와 닿을 것이다. 여러분도 확인했겠지만, 두 식품은 열량이 거의 동일하지만 고구마에는 일반 밀가루로 만든 빵보다 영양소가 훨씬 더 많이 함유되어 있다.

그런데 요즘에는 비타민과 무기질이 다량 함유되었다고 주장하는 빵이며 시리얼, 기타 정제식품을 많이 볼 수 있다. 이와 같은 보강 식품이나 강화식품은 그럴싸하게 포장되어 있지만 여기에 첨가된 합성 영양소는 자연적으로 만들어진 영양소와 비교할 수가 없다. 정제된 빵과 시리얼은 합성 비타민과 무기질을 약간 뿌려놓고 영양 밀도가 높은 식품처럼 광고한다. 그러나 여러분은 현명한 사람들이고, 우리 인체도 아주 현명하다. 정제되지 않은 식품, 영양소가

설탕 디톡스 21일 프로그램에 포함된 지방

설탕 디톡스 21일 프로그램을 실천하는 동안, 여러분은 적절한 탄수화물과 함께 양질의 단백질과 지방이 함유된 음식으로 구성된 식사와 간식을 먹어야 한다. 탄수화물은 총 섭취량을 줄여야 할 가능성이 높으므로 다른 영양소를 더 많이 섭취하여 식단의 균형을 맞출 필요가 있다. 그 주인공은 누구일까? 간단하다. 바로 지방이다.

지방은 몸에서 오랫동안 활용할 수 있는 완벽한 에너지원이다. 그러나 한 가지 명심해야 하는 것은, 탄수화물이 다량으로 꾸준히 공급되면 인체가 지방을(음식으로 섭취하거나 몸에 두툼하게 저장된 지방) 효율적으로 연소하여 에너지원으로 활용하지 못한다는 사실이다. "지방 적응성이 높은" 상태, 즉 인체가 지방을 효율적으로 연소시켜서 연료로 활용할 수 있는 상태가 되면 매일, 하루 종일 탄수화물을 퍼먹지 않아도 된다. 이는 곧 2시간마다 "신진대사에 필요한 연료를 공급하느라" 음식을 먹어대지 않아도 된다는 뜻이다. 오히려 정반대 상황이 된다! 그토록 많은 탄수화물을 섭취하지 않아도, 몸에 이로운 천연 지방 성분을(73쪽을 보면 지금까지 해온 생각과 전혀 다른 사실을 알게 될 것이다) 섭취하면 인체가 하루를 버텨나가는 방식이 새롭게 정립된다. 음식으로 섭취한 지방은 물론, 예전에 먹고 남아서 체지방의 형태로 몸에 저장된 "음식"까지 연소하기 시작한다. 수년 동안 헬스 기구에 몸을 싣고 어떻게든 태워보려고 했던 그 체지방 말이다.

"그게 어째서 가능하지? 몸매를 가꾸려면 몸에 좋은 통곡물이랑 과일을 많이 먹어야 한다고 생각했는데?" 지금쯤 여러분은 이렇게 생각할지도 모르겠다. 그 해답은 호르몬과, 여러분이 먹는 음식에 호르몬이 어떻게 반응하느냐에 담겨 있다. 그 내용은 잠시 뒤 확인할 수 있다.

따로 강화되지 않은 자연식품에 함유된 영양소는 자연적으로 생성될 뿐만 아니라 각 성분의 기능을 강화할 수 있도록 균형이 잘 잡혀 있고 인체가 쉽고 효율적으로 활용할 수 있다. 합성된 영양소가 보조인자(영양소가 제대로 흡수되고 활용되기 위해서 꼭 필요한 보충 영양소)도 없이 첨가되면 인체가 활용할 수 없다. 예를 들어 아침 식사용 시리얼 제품에 칼슘을 첨가한다고 해서 체내에서 그 성분이 제대로 흡수되는 것도 아니고, 인체가 적절히 활용하지도 못한다. 그러나 자연식품에 원래 들어 있는 칼슘은 보조인자인 비타민 A, D, K2, 마그네슘과 함께 함유되어 있으므로 몸에 흡수되어 뼈를 튼튼하게 한다.

중요한 건 영양 밀도

야채, 과일, 뿌리채소, 덩이줄기 채소 등 정제되지 않은 자연식품은 영양 밀도가 높은 탄수화물 공급원이다. 이와 같은 식품은 1회 섭취량만 먹어도 그

슈퍼마켓 진열장에 놓여 있는 식품 중에는 설탕이 첨가됐다는 사실을 알면 큰 충격을 안겨줄 식품들이 많다. 케첩, 샐러드드레싱, 토마토소스, 파스타소스, 크래커, 말린 과일(설탕을 안 넣어도 충분히 달 텐데?!), 조리된 식육제품, 소시지, '천연' 견과류 버터 등이 포함된다.

미량영양소가 결핍된 경우 흔히 발생하는 증상으로는 두통, 피로감, 잇몸출혈을 들 수 있다. 또 멍이 잘 들고 관절이나 팔다리 통증, 빈혈과 같은 증상도 발생한다. 해로운 탄수화물을 유익한 탄수화물로 바꾸면 개선될 수 있는 증상들이다.

속에 함유된 열량을 모두 인체 에너지로 활용하는 데 필요한 성분까지 한꺼번에 얻을 수 있다. 다시 말해 영양 밀도가 높은 자연식품을 섭취하면 인체의 '에너지 계좌'에 영양소를 넉넉하게 채워놓을 수 있다. 반면 설탕처럼 영양소가 부족한 식품을 섭취하면 이 계좌에 들어 있던 영양소를 꺼내 쓰도록 만들고 다시 채워주지는 않는다.

왜 이런 일이 벌어질까? 탄수화물을 분해해서 에너지로 바꾸려면 미량영양소의 도움이 필요하다. 특히 비타민 B와 인, 마그네슘, 철분, 구리, 망간, 아연, 크롬과 같은 무기질이 있어야 한다. 건강에 해로운 탄수화물에는 이와 같은 비타민과 무기질이 자연적인 형태로는 들어 있지 않다. 우리가 섭취하는 음식에 대량영양소와 미량영양소가 모두 들어 있지 않으면 세포가 에너지를 만들어서 몸에 힘을 공급할 수가 없고, 신체 에너지는 곤두박질치게 된다. 그러니 해로운 탄수화물을 계속해서 다량 섭취하면 에너지는 더욱더 곤두박질칠 수밖에 없다!

영양 밀도가 낮다는 점을 생각하면, 해로운 탄수화물이 잔뜩 포함된 식사를 하고 나면 피곤함이 느껴지고 몸에 에너지가 부족한 기분이 드는 경우가 많은 이유를 알 수 있다. 계속 음식을 먹고 싶다고 느끼는 것도 마찬가지 이유에서다. 음식을 더 많이 먹어서 영양소를 채워주기를 바라는 것이다! 그러나 우리 몸은 해로운 음식을 더 많이 먹기를 바라지는 않는다. 비타민과 무기질이 충분히 함유된 음식을 먹고, 세포 수준에서 미량영양소를 채워줄 수 있는 이로운 음식을 제발 먹어달라고 애원한다. 그러나 여러분이 미리 만들어놓은 음식이 아니라 간편하게 구입해서 바로 먹을 수 있는 음식들은 대부분 그런 유익한 음식이 될 수 없다는 사실이다. 설탕 디톡스 21일 프로그램을 성공적으로 마치려면 이 점을 유념해서 계획을 수립하고 준비하는 과정이 매우 중요하다. 이 부분에 대해서는 38쪽에서 다시 설명할 것이다.

건강에 유익한 탄수화물과 해로운 탄수화물을 비교할 수 있도록 우리가 일상생활에서 먹는 음식을 예로 들어 어떤 일이 벌어지는지 살펴보자.

티스푼 네 개 분량의 설탕(해로운 탄수화물)은 탄수화물의 형태로 60칼로리를 공급한다. 그게 전부다. 탄수화물 외에 다른 영양소는 전혀 얻을 수 없다. '텅 빈 칼로리'라는 표현을 들어본 적이 있을 텐데, 설탕에 그 의미가 정확하게 담겨 있다.

잘게 썰어서 익힌 브로콜리(유익한 탄수화물) 한 컵에도 대략 60칼로리가 탄수화물의 형태로 담겨 있지만, 그와 함께 비타민 B와 인, 마그네슘, 철분, 구리, 망간, 아연, 크롬을 얻을 수 있다. 모두 인체가 이 탄수화물을 분해하는 데 필요한 미량영양소에 해당된다(그 밖에도 다량의 비타민 C와 비타민 K1, 비타민 E, 엽산, 칼륨, 베타카로틴, 칼슘, 아연, 셀레늄도 함유되어 있다). 그러므로 세포는 브로콜리에서 활용할 수 있는 성분을 모두 얻을 수 있고, 인체는 포만감을 느끼므로 탄수화물을 더 많이 먹고 싶은 욕구도 들지 않는다. 설탕 디톡스 21일 프로그램을 실천하는 동안 섭취해야 하는 탄수화물은 아주 간단하게 구분할 수 있다. 유익한 탄수화물은 섭취하고, 해로운 탄수화물은 먹지 말아야 한다. 프로그램 레벨에 따라 먹을 수 있는 음식과 먹으면 안되는 음식 목록이 함께 제시된다. 또한 강도 높은 운동을 하거나 임신, 모유 수유 중인 경우, 또는 부분 채식주의 식단을 지키느라 프로그램을 변형해야 하는 사람들을 위해 프로그램 내용을 조정하는 방법도 같이 설명할 것이다.

인체는 탄수화물을 어떻게 분해할까?

이제 좋은 탄수화물과 해로운 탄수화물의 차이를 알았으니 탄수화물을 섭취하면 몸에서 어떤 일들이 벌어지는지 살펴보자. 이 기본적인 분해과정은 모든 형태의 탄수화물에 적용된다. 우리가 먹는 음식은 단백질이나 지방이 아니면 모두 탄수화물이다. 빵, 파스타, 밥, 사탕부터 브로콜리, 버터넛 호박, 각종 베리류, 바질까지 전부 포함된다. 이러한 음식에는 단백질과 지방이 미량 함유되어 있지만 주된 대량 영양소는 탄수화물이다.

탄수화물이 함유된 식품을 섭취하면 인체는 에너지로 활용할 수 있는 작은 단위인 포도당(단순당)의 형태로 분해하고, 비타민과 무기질도 따로 분리한다. 고구마도 소화기관에서 분해되기 전까

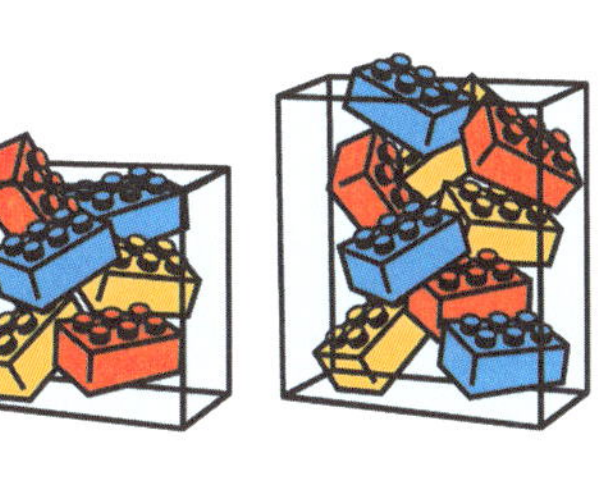
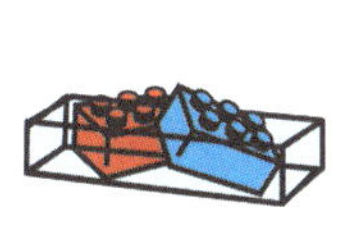

지는 유용한 에너지원이 될 수 없다. 고구마를 먹으면 우리 몸의 소화계는 더 작은 "조각들"로 분해해줄 효소를 분비한다.

레고 한 상자를 새로 샀다고 상상해보자. 상자를 열면 다양한 색깔의 블록이 한 무더기 들어 있는데, 전부 엉망진창으로 붙어 있다. 뭐라도 만들거나 여러분이 따로 마련해둔 정리함에 담으려면 일단 이렇게 붙어 있는 블록을 다 분리해야 한다. 이와 마찬가지로 우리 몸도 탄수화물을 포도당으로 일단 분해해야 바로 사용하거나 저장할 수 있다.

포도당이 저장되는 과정: 인슐린의 역할

레고 상자를 열면 양손에 쥘 수 있는 블록은 몇 개로 제한된다. 나머지는 통에 그대로 담겨 있거나 다른 무언가를 만드는 데 사용된 상태다. 마찬가지로 혈류에는 포도당이 4그램 이상은 존재할 수 없다. 나머지는 바로 사용하거나 저장해야 한다. 포도당의 저장을 돕는 호르몬인 인슐린은 탄수화물을 섭취하면 췌장에서 분비된다(단백질을 섭취한 후에도 일정량이 분비된다). 인슐린의 역할은 각 세포에 영양소를(포도당도 포함하여) 받아들이라는 메시지를 보내는 것이다. 탄수화물을 먹으면 인체는 인슐린이 분비되도록 효율적으로 반응하고 이를 통해 포도당을 인체의 "저장고"인 간과 근육에 저장한다. 포도당이 이 저장고로 들어가면 글리코겐이 된다.

인체에는 저장된 포도당의 양이 줄어들면 다시 채워 넣으려고 하는 곳이 있다. 바로 뇌와 적혈구다. 혈액의 포도당 농도를 조절하는 주 기관인 간은 포도당이 간과 근육에 저장되기 전, 미리 뇌와 적혈구의 포도당이 충분한지부터 확인한다. 그리고 나머지 포도당을 저장하는 것이다.

탄수화물 섭취량이 늘어날수록 인체는 포도당을 나중에 사용할 수 있도록 저장해두어야 하고, 그 과정에서 인슐린을 활용할 일도 더욱 많아진다. 그런데 여기에는 문제가 하나 있다. 레고 통에 보관할 수 있는 레고의 양에 한계가 있듯이, 인체도 탄수화물을 저장할 수 있는 공간이 제한되어 있다는 사실이다. 그리고 간과 근육에 글리코겐의 형태로 저장할 수 있는 탄수화물의 양은 사람마다 제각각 다르다.

용어 정리

포도당(글루코스): 우리가 섭취한 모든 탄수화물은 몸속에서 분해되어 단순당인 포도당이 된다. 소화가 진행되는 동안 포도당은 혈류에 흡수된 상태로 존재한다.

글리코겐: 간과 근육에 저장된 포도당

글루카곤: 저장되어 있던 글리코겐을 혈류에 방출하라는 신호를 전달하는 호르몬. ●

그렇다면 인체의 탄수화물 "저장고"가 다 차버리면 무슨 일이 벌어질까? 이미 가지고 있는 레고로 뭔가를 만들지도 않고 상자에 그대로 담아두고 있는데 새 레고를 계속 사들이면, 통에서 블록이 넘쳐흘러 방이 어수선해진다. 우리 몸에서는 섭취한 탄수화물이 신체활동이나 운동에 사용되지도 않고 글리코겐으로 저장해둘 공간마저 없으면, 지방으로 전환된다! 탄수화물을 저장할 수 있는 공간은 제한되어 있지만 지방은 한도 끝도 없이 저장할 수 있기 때문이다. 참 희한한 일이다. 지방은 혈류에 트리글리세리드의 형태로 존재하거나, 체지방으로 존재한다.

탄수화물 저장량을 계산하는 기본 공식

인체가 저장할 수 있는 탄수화물의 양은 다음과 같이 계산할 수 있다. 간에 저장되는 양 + 근육에 저장되는 양 + 하루 동안 연소되는 양(기초 대사량에 활동이나 운동으로 연소되는 양을 더한 것)

음식으로 섭취한 탄수화물이 위의 공식으로 계산한 총량보다 많으면 인체는 어찌할 도리 없이 나머지를 지방으로 저장한다. 그리고 여분으로 생긴 지방을 저장하는 방식과 장소에는 유전적인 요인이 큰 영향을 준다.

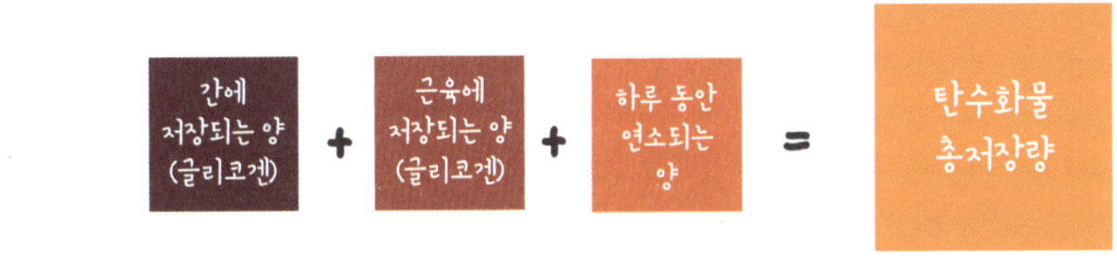

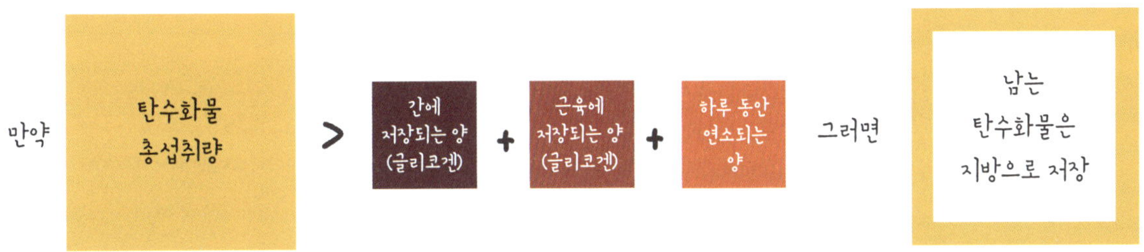

그렇다면 탄수화물을 인체가 필요로 하는 양보다 더 많이 섭취하고 그로 인해 남은 양이 전부 지방으로 전환되지 않도록 하려면 어떻게 해야 할까? 몸에 유익한 탄수화물과 해로운 탄수화물이 바로 그 문제에 중요한 역할을 한다. 우리가 자연의 의도가 그대로 담겨 있는 탄수화물, 즉 탄수화물 대사에 필요한 비타민과 무기질이 포함된 탄수화물을 섭취하면 인체의 자율적인 조절 시스템이 원활히 효율적으로 작동한다. 설탕 디톡스 21일 프로그램에서는 오직 이 유익한 탄수화물과 양질의 단백질, 지방만 섭취하므로 디톡스를 진행하는 동안에는 그와 같은 태세를 갖추게 된다.

혈당의 균형: 글루카곤의 역할

우리 몸에는 혈당을 조절하는 호르몬이 두 가지 있다. 바로 인슐린과 글루카곤이다.

글루카곤은 인슐린의 기능과 반대되는 작용을 하는 호르몬으로, 저장되어 있는 글리코겐

글리코겐 저장량을 늘리려면

글리코겐이 저장되는 공간은 순수 근육부피에 따라 주로 결정되지만, 운동량이 늘어나면 더불어 늘어날 수 있다. 특히 강도가 높은 운동을 할수록 도움이 된다. 고강도 운동이란 심장 박동을 매우 높이 끌어올리는 운동을 의미하며, 스프린트 운동처럼 폭발적인 에너지를 내거나 운동과 휴식을 반복하는 인터벌 운동의 형태로 실시한다. 걷기나 조깅처럼 낮은 강도나 적당한 강도로 꾸준히 하는 운동은 포함되지 않는다.

순수 근육부피가 늘어나면, 헬스장에 가서 씩씩대며 운동을 하지 않을 때도 하루 내내 더 많은 열량이 연소된다! 운동선수들은 신체활동이 더 적은 사람들보다 탄수화물을 더 많이 먹는 경우가 많은데, 인체 에너지와 운동 수행 능력을 유지하려면 실제로 탄수화물을 충분히 섭취해야 한

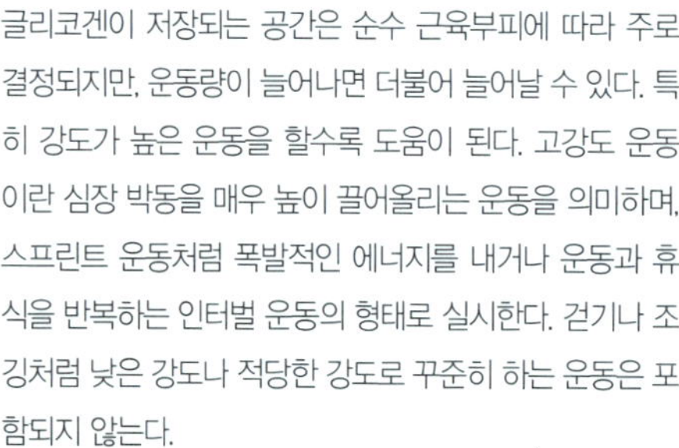

다. 고강도 운동을 하면 에너지를 내기 위해 포도당이 필요한 것도 같은 이유에서다. 운동 강도가 정점에 달하면, 심지어 매우 강도 높은 운동을 지속하는 동안에도 몸은 인체에 저장된 탄수화물을 필요로 한다. 따라서 몸에 글리코겐이 저장되어 있지 않은데 강도 높은 운동을 하면 컨디션이 나빠진다. 글리코겐 저장량이 충분치 않은 상태에서 고강도 운동을 하면 보통 두통, 피로감, 구역질과 같은 증상이 나타난다.

그렇다면 포도당을 연료로 사용할 필요가 없는 운동은 무엇일까? 걷기, 앉아 있기, 서 있기, 가벼운 활동이나 강도가 낮은 운동(장기적으로 실시하는 지구력 훈련 등)이다. 즉 하루 종일 활동량이 적정 수준으로 유지되면, 인체는 지방을 연소하여 인체 기능을 최적의 상태로 맞춘다.

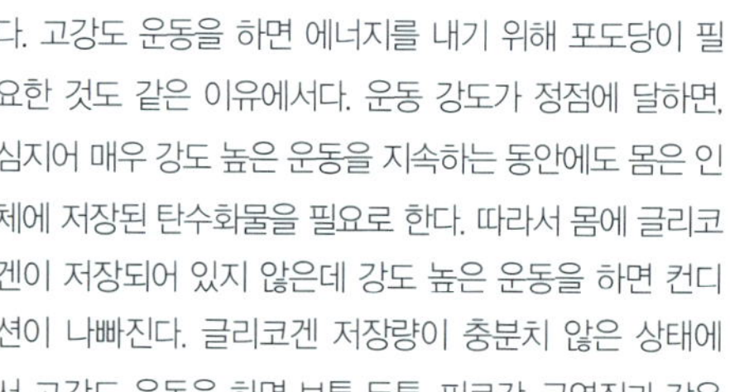

을 방출해서 연료로 사용하라는 신호를 보낸다. 췌장은 세 가지 상황에서 이 글루카곤을 분비한다. 단백질 밀도가 높은 음식을 섭취했을 때(동물성 식품), 운동을 할 때, 배가 고플 때이다. 체내에서는 혈당을 조절하는 이 두 가지 호르몬 중 하나가 반드시 다른 한쪽보다 우세하게 작용한다. 에너지를 방출하고 "연소"해야 하는 상황에서는 글루카곤이 우세하고, 에너지를 저장해야 하는 상황에서는 인슐린이 우세하다. 신진대사라는 영화에 이 두 호르몬이 공동 감독을 맡아 참여하지만 둘 중 하나만 일을 할 수 있다고 생각하면 된다.

운동선수와 탄수화물
운동선수들은 글리코겐이 어떻게 저장되는지에 관한 이야기를 자주 접한다. 대부분 운동에 필요한 연료로 사용되는 글리코겐이 몸에 얼마나 저장되는지 정확하게 알고 있어야 하기 때문이다. 운동선수가 설탕 디톡스 21일 프로그램을 실천한다면 탄수화물의 적절한 섭취량에 관한 정보는 이 책 84, 92, 100쪽에 나온 (활동 수준별) 섭취열량 조정 방법을 참고하기 바란다. ●

단백질 밀도가 높은 음식을 먹으면 인슐린보다 글루카곤이 더 활성화된다. 그러므로 탄수화물보다 단백질 함량이 더 높은 식사를 하면 체내에서 글루카곤이 인슐린보다 더 우세하게 작용한다. 우리가 운동을 하면서도 인체 에너지를 유지할 수 있는 것은 글루카곤이 저장된 글리코겐을 방출하여 혈당을 높이고 운동에 필요한 연료로 활용하라는 신호를 보내는 덕분이다. 배가 고프면 글루카곤은 체내에 저장된 글리코겐이 포도당으로 분해되어 혈류에 공급되도록 함으로써 혈당이 급속히 떨어지는 사태가 벌어지지 않도록 한다.

체지방을 줄이려면 혈당부터 일정한 수준으로 유지되도록 하는 것이 가장 중요하다. 설탕 디톡스 21일 프로그램을 시작하는 주된 목적이 지방을 줄이는 것이 아니라 하더라도, 솔직히 여분의 체지방이 어느 정도 줄어든다면 대부분 기뻐할 것이다. 설탕을 섭취하면 반드시 혈당이 올라간다. 이는 곧 인체를 연소 상태가 아닌 저장 상태로 만드는 것이고, 저장하고도 남은 것이 많으면 지방으로 축적된다.

설탕, 스트레스, 그리고 호르몬

이제 여러분도 설탕과 탄수화물이 몸에서 어떤 작용을 하는지 많은 부분을 이해했으리라 생각한다. 지금부터는 왜 해로운 탄수화물을 먹지 말아야 하는지 그 이유를 좀 더 자세히 살펴보자.

우리가 어떤 음식을 먹느냐에 따라 혈당을 조절하는 호르몬인 인슐린과 글루카곤의 작용에 영향이 발생하는데, 그 외에 다른 무수한 호르몬들도 영향을 받는다. 그로 인해 여드름, 갑상선 기능 저하, 다낭성 난소증후군, 테스토스테론 감소, 심지어 불임과 같은 건강 문제와 더불어 극심한 기분 변화, 생리통이 발생할 수 있다. 이와 같은 문제를 호소하는 사람을 만나면 나는 제일 먼저 혈당부터 조절해야 한다고 권고한다. 대체 혈당이 이런 호르몬 문제와 무슨 관

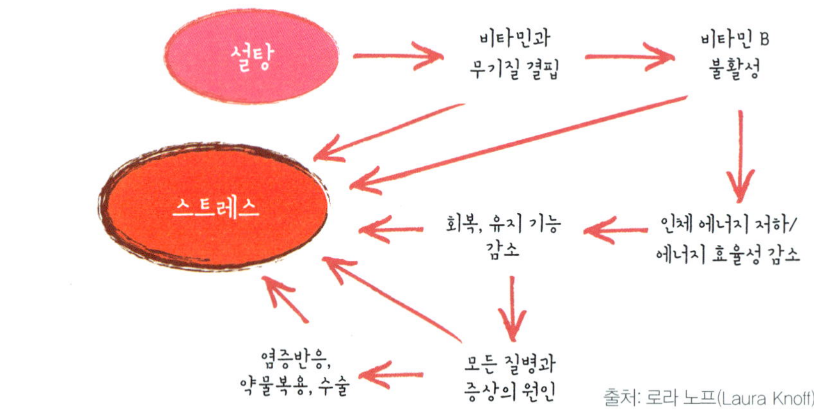

출처: 로라 노프(Laura Knoff)

계가 있을까? 모든 면에서 관련이 있다. 전부 스트레스 문제이기 때문이다.

혈당 조절과 관련하여 중요한 사실이 하나 있다. 혈당이 제대로 조절되지 않으면, 인체의 호르몬 균형이 어긋날 수 있고 그럴 가능성이 다분하다는 점이다.

건강에 해로운 탄수화물을 너무 많이 섭취하면 혈당을 정상으로 되돌리기 위해 인슐린이 상당량 필요한 상태가 되고, 혈당이 급작스럽게 낮아질 위험도 높아진다. 단 음식을 마음껏 먹었을 때, 또는 멕시코 음식점에서 콩과 쌀이 들어간 음식을 과량 섭취하고 30분에서 1시간쯤 지났을 때 나타나는 변화를 혹시 알고 있는가? 잠시 눈을 붙여야겠다고 느낄 만큼 피곤하거나(인슐린 수치가 높아진 것), 혈당이 치솟으면서 인슐린이 균형을 찾기 위해 뒤이어 치솟는 바람에 기운이 쭉 빠지는 기분을 느낄 수 있다. 인슐린이 매우 빠른 속도로 몰아치듯 작용하면서 혈당이 급격히 떨어지고, 이로 인해 몸이 덜덜 떨리거나 힘이 빠지고, 짜증이 밀려온다. 그러면서 설탕을 더 찾게 된다!

이런 상황에서 인체가 평온할 수 있을까? 당연히 그렇지 않다.

인슐린 수치가 상승하고 혈당이 뚝 떨어지는 것 모두 생리학적인 스트레스를 일으킨다. 인체는 내적 균형을 유지하려고 애쓰는데 그 노력을 방해하는 것은 모두 스트레스 인자로 볼 수 있다.

스트레스 호르몬인 코르티솔은 이런 급증과 폭락의 상황을 맞이하면 인체를 바짝 긴장한 상태로 만든다. 코르티솔이 만들어지고 저장되는 곳은 신장 위에 자리한 부신이다. 코르티솔은 우리가 위험한 상황에 놓이면 행동을 취하게 하는 역할을 한다는 점에서 투쟁-도주 호르몬으로도 불린다. 아침이 되어 잠에서 깨어날 때, 하루의 매 순간을 헤쳐나가는 데에도 코르티솔이 필요하다. 그러므로 이 호르몬이 어느 정도 몸속에 존재한다고 해서 나쁜 것은 아니다! 문제는 균형을 잃을 때 발생한다. 코르티솔 수치가 너무 높아지면 신경이 곤두서고, 너무 낮으면 기운이 다 빠져서 카페인이나 다른 자극 성분이 있어야 정상적인 기능을 할 수 있는 상태가 된다.

코르티솔이 인체와 호르몬 시스템 전체에 끼치는 영향을 좀 더 자세히 파악하려면 인체가 스트레스를 받았을 때 코르티솔을 어떻게 분비하는지 알아야 한다. 가령 단기간에 고강도로 운동을 하면 코르티솔이 통제된 조건에서 정확하게 분비된다. 즉 짧고 강렬하게 방출되고 다 인슐린이 세포에 신호를 보내지 않으면 각 세포는 포도당을 공급받지 못한다. 그러면 포도당은 혈류에 가만히 남아 있게 되고, 혈당은 급격히 치솟는다. 자가 면역 질환에 해당하는 제1형 당뇨 환자들의 상태를 알면 이 문제를 보다 쉽게 이해할 수 있다.

제1형 당뇨 환자들은 췌장의 베타세포(인슐린을 만드는 세포)가 인슐린을 더 이상 만들어내지 못한다. 따라서 인슐린을 주사로 투여받아야 세포가 혈류에 있는 포도당을 공급 받을 수 있다. 그렇지 않으면 혈당이 위험한 수준으로 높이 상승하고 목숨이 위태로운 상황에 놓일 수 있다. 설탕 디톡스 21일 프로그램은 탄수화물 섭취량을 줄이므로, 혈당을 낮추려고 늘 애쓰는 제1형 당뇨 환자들에게 큰 도움이 된다.

제2형 당뇨 환자들은 인체가 인슐린을 만들어내는 기능은 남아 있지만 호르몬 신호체계가 적절히 작동하지 않는다. 이로 인해 인슐린이 각 세포에 포도당을 흡수하라고 메시지를 보내지만 제대로 전달되지 않는다. 제2형 당뇨 환자도 인슐린을 투여받아야 하는 경우가 있지만, 이 병은 자가 면역 질환이 아니며 식생활과 생활방식을 올바른 형태로 바꾸면 시간이 갈수록 호전될 수 있다.

설탕 디톡스 21일 프로그램은 제1형 당뇨와 제2형 당뇨 환자 모두에게 안전하며, 실제로 수많은 환자들이 프로그램을 완료하고 큰 성공을 거두었다. 다만 두 가지 당뇨 중 하나를 앓는 상태에서 본 프로그램을 시작하는 경우, 탄수화물 섭취량을 줄여야 하므로 인슐린 투여량에 각별한 주의가 필요하다. 우려되는 사항이 있으면 설탕 디톡스 21일 프로그램을 시작하기에 앞서 담당 의사나 내분비학 전문가와 상의하기 바란다. ●

시 사라지는 것이다. 우리 몸은 이와 같이 급성으로 발생한 스트레스 상태에 적절히 대처할 수 있는 태세를 잘 갖추고 있다. 따라서 특별한 날 설탕이 듬뿍 들어간 음식을 먹더라도 다시 자연식품이 중심이 된 식생활로 돌아가면 괜찮다. 그럴 때 인체는 갑작스럽게 극심한 스트레스를 느끼지만 다시 원상태로 돌아올 수 있다. 그러나 이틀 동안 쉬지 않고 달리기를 한다거나, 30분마다 탄산음료를 한 캔씩 마시는 것처럼 생리학적으로 만성 스트레스가 발생하는 상황에는 인체가 제대로 대처하지 못한다. 그로 인해 혈당과 인슐린이 매일 오르내린다. 먹는 음식으로 인해 이런 문제가 발생한 경우 '혈당 롤러코스터'라고도 불린다.

인체가 이와 같은 기복에 대처하느라 고투를 벌이면, 투쟁-도주 기능을 하는 스트레스 호르몬이 저농도로 계속 유지되면서 반응한다. 운동을 했을 때 분비되는 코르티솔을 8 정도라고 하면, 일상생활을 이어가도록 해주는 '정상적인' 수치는 1에 해당되고, 혈당 롤러코스터 상태는 하루 종일 코르티솔이 4 정도로 계속 유지된다고 보면 된다. 이런 상태가 장기적으로 지속되면 만성적인 스트레스로 인해 다른 스트레스 인자에 인체가 적절히 대처하는 능력까지 손상된다.

앞서 인체에 남은 탄수화물은 지방(트리글리세리드, 체지방, 또는 두 가지 모두)으로 저장된다고 설명했다. 여기서 새로운 사실을 추가하면, 스트레스 상태가 지속되면 탄수화물이나 열량이 여분으로 남는지 여부와 상관없이 인체가 지방으로 저장할 수 있다는 것이다. 인체가 만성 스트레스를 느끼고 혈당이 롤러코스터 상태가 되면 부신에서 분비되는 코르티솔의 양이 늘어나 체지방 축적이 촉진된다. 이렇게 코르티솔로 인해 저장되는 체지방은 주로 뱃살과 허리 주변에 쌓인 살로 나타난다. 그러므로 뱃살을 줄일 방법을 찾고 있다면, 일단 혈당 롤러코스터부터 중단시키고 만성적인 심리적, 정신적 스트레스 요인을 없애야 한다!

그리고 또 한 가지 문제가 있다. 코르티솔 수치가 균형을 잃으면 갑상선호르몬과 성호르몬이 만들어지는 기능도 타격을 받는다. 인체가 신진대사를 건강하게 유지하거나 생식 활동을 하는 것보다 일단 생존하는 것이 더 중요하다고 판단하기 때문이다. 이와 같은 우선순위에 따라, 스트레스호르몬과 성호르몬을 만드는 재료가 한정되어 있다면 만성 스트레스에서 벗어나 균형을 찾는 데 필요한 호르몬부터 만드는 것이다.

갑상선호르몬은 인체 대사를 총체적으로 관리한다. 우리 뇌는 갑상선과 부신에 동시에 신호를 보내는데, 만성적인 스트레스 인자가 존재하면 이 신호가 제대로 전달되지 않아 갑상선의 기능에 문제가 생긴다. 갑상선 기능이 저하되면 피로감과 원인을 알 수 없는 체중증가, 손발이 차가워지는 증상, 머리카락이 가늘어지고 LDL 콜레스테롤 수치가 증가하는 증상이 흔히 발생한다. 설탕 디톡스 21일 프로그램을 끝까지 마친 사람들은 갑상선의 활성이 약화되어 나타나는 이러한 증상이 3주 후 크게 줄었다고 이야기한다.

생존을 위해 스트레스호르몬에 우선순위가 부여되면, 성호르몬이 균형 있게 합성되지 못하는 문제도 생긴다. 이는 수많은 여성들이 생리 기간에 생리 전 증후군이나 생리통, 위경련, 편두통을 앓는 원인으로 작용한다. 호르몬이 균형을 잃으면 연관된 여러 가지 문제가 복합적으로 발생하고 한 곳에서 기우뚱해진 균형이 연속적인 사건을 일으켜 어딘가에서 훨씬 복잡한 문제로 나타난다. 호르몬 불균형은 여드름과 건선, 습진에 이르기까지 피부의 외관과 살결에도 커다란 영향을 준다. 설탕 디톡스 21일 프로그램에 참여한 사람들은 이와 같은 피부 문제가 크게 개선되었다고 이야기하는 경우가 많다.

지금까지 설탕과 몸에 해로운 탄수화물을 섭취하면 몸에 어떤 문제가 발생하는지 많은 내용을 살펴보았다. 이제는 여러분도 설탕 디톡스 21일 프로그램을 통해 인체와 생활방식을 재정비하는 것이 얼마나 중요한지 깨달았으리라 생각한다. 솟구치는 식욕에서 자유로워지는 효과는 물론, 에너지가 증대되고 수면과 감정 상태가 개선된다. 또한 인체 호르몬 기능이 향상되고 염증반응을 줄일 수 있다. 설탕 디톡스 21일 프로그램이 가져올 유익한 영향은 너무나 방대하다. 3주가 끝나고 직접 느낀 변화에 깜짝 놀라게 될 것이다.

설탕 디톡스 21일 프로그램은 간단하고 명쾌한 프로그램이지만, 준비 방법과 예상되는 결과를 제대로 알아야 쉽게 따라올 수 있다. 단순히 식생활에서 설탕을 제외시키는 것으로 바로 해결되는 간단한 일이 아니다. 다음 페이지부터는 해독 과정을 시작하기 위한, 간단하면서도 효과적인 준비 계획을 단계별로 설명한다. 준비를 어떻게 하느냐에 따라 성공 여하에도 큰 차이가 생긴다!

설탕 디톡스 21일 프로그램

준비 단계 체크리스트

이 프로그램을 성공리에 마치려면 첫째 날이 시작되기 전에 준비를 철저히 해야 한다. 21일간 설탕 디톡스를 진행하는 것은 분명 고된 일이지만 준비와 계획을 통해 훨씬 더 순탄하고 수월한 과정으로 만들 수 있다!

7 일전 디톡스

- 설탕을 먹으면 몸에서 무슨 일이 벌어지는지, 그리고 설탕을 섭취하는 습관에서 벗어나면 얼마나 이로운지 제대로 이해해야 디톡스를 하는 동안은 물론 그 이후에도 노력하고픈 의욕이 생긴다. 이 책의 첫 부분부터 73쪽까지 나온 정보와 232쪽에 소개된 추가 자료를 읽어보기 바란다.

- 디톡스 레벨을 선택하고, 필요한 경우 내용을 어떻게 변형해서 실천할지 생각해보자(75쪽 참고).

- 선택한 레벨별로 먹어도 되는 음식과 먹으면 안 되는 음식을 확인하자.

- 평상시에 먹는 음식을 목록으로 작성하고, 설탕 디톡스 기간에 대체해야 하는 음식은 무엇인지 디톡스 레벨과 변형 방식에 따라 검토해보자(70쪽 참고). 뒤에 나와 있는 식단을 그대로 따를 계획이라면 이 단계는 무시해도 된다.

- 이 책에서 소개한 식단을 그대로 따르기로 결정한 경우 필자의 웹 사이트에 게시된 장보기 목록을 인쇄하자 (BALANCEDBITES.COM/21DSD, 인쇄용 장보기 목록이 나와 있다). 목록에는 실온보관 식품과 신선식품이 모두 포함되어 있다.

  BALANCEDBITES.COM/21DSD
  Printable shopping lists are available online.

- 설탕 디톡스에 필요한 실온보관 식품을 미리 구매해두자.

- 가까운 곳에서 구입할 수 없는 실온보관 식품은 온라인으로 주문하면 된다(236~237쪽 참고).

- 설탕 디톡스를 함께할 친구나 가족을 찾아보자!

5 일전 디톡스

- 실온보관 식품과 냉장고에 보관된 식품을 둘러보고 디톡스 계획과 어긋나는 재료나 음식을 찾아내라. 디톡스를 시작하기 전에 모두 먹거나, 다른 사람에게 주거나, 쓰레기통에 버리거나, 21일간 설탕 디톡스를 하는 동안에는 손대지 않도록 안전한 곳에 보관해두자.

- 평소에 장보는 곳에서 디톡스에 필요한 식품을 구할 수 없는 경우에는 다른 상점을 찾아놓자. 전화를 걸어서 특정 식품이 있는지 문의해보면 된다.

- 책 48~52쪽에 나온 식이보충제를 이용할 계획이라면 가까운 건강식품 판매점에서 사놓거나 온라인으로 주문하자.

- 디톡스에 알맞은 식품으로 대체하는 것과 관련하여 궁금한 사항은 온라인 게시판이나 설탕 디톡스 21일 프로그램 페이스북 페이지에서 찾아보자. (FACEBOOK.COM/21DAYSUGARDETOX 다른 참가자들과 대화를 나눌 수 있다)

  BALANCEDBITES.COM/21DSD
  Printable shopping lists are available online.

3일전 디톡스

- 수프나 슬로우쿠커로 만드는 음식을 이용할 계획이 있으면 책 224쪽에 나와 있는 육수를 미리 만들자. 한 번 먹을 분량씩 나눠서 얼려두면 필요할 때 바로 사용할 수 있다.

- 간식으로 먹으려고 사놓은 건조식품(견과류, 견과류 버터, 육포 등)은 디톡스가 시작되면 바로 이용할 수 있도록 회사나 일터에 미리 가져다놓자. (월요일부터 디톡스를 시작할 경우 이 부분이 특히 중요하다. 월요일 아침에 깜박하고 안 가져가는 바람에 발생할 수 있는 문제를 생각해야 한다!) 196쪽에 간단한 육포 레시피가 나와 있다.

- 설탕 디톡스 21일 프로그램 성공사례를 다운로드 받아서 인쇄해두자(BALANCEDBITES.COM/21DSD, PDF 파일로 저장할 수 있다. 이메일 정보구독도 신청하자).

- 무료로 발송되는 일일 디톡스 이메일을 신청하고, 메일을 언제부터 받을지도 입력해두자.

1일전 디톡스

- 실온보관 식품과 냉장고 속 음식을 다시 꼼꼼히 살펴보고 디톡스 계획에 어긋나는 식품이 없는지 확인하자. 디톡스에 동참하지 않는 사람과 집이나 주방을 공동으로 사용하는 경우, 냉장고와 주방 선반에 별도의 공간을 마련해서 자신이 먹을 식품을 보관해두고 남의 음식에 현혹되지 않도록 방지하자.

- 일정대로 식단을 준비하고 미리 요리해서 디톡스 첫날에 대비하자! 성공의 가장 큰 열쇠는 바로 준비다. 그리고 첫날의 성공은 그 뒤의 일정도 성공으로 이끌 것이다.

- 21일 디톡스 일지를 펴고, 0일차 기록을 작성하자. 하루 전부터 이미 일정은 시작됐다!

디톡스 프로그램의 하루하루

21일을 어떤 기분으로 보내게 될지, 무엇을 하게 될지 살짝 들여다보자

무엇이든 새로운 일은 미리 알고 시작하면 도움이 된다. 그런 의미에서 설탕 디톡스를 21일간 진행하면 신체적으로나 정신적으로 어떤 변화가 생기는지 간단하게 소개하려고 한다. 하루 이틀 단위로, 다양한 요소에서 변화를 느끼게 될 것이다. 아래에서 설명한 것처럼 힘들게 느껴지지 않을 수도 있지만 더욱 힘들다고 느낄 수도 있다. 시간 순서별로 제시한 예상 변화는 지난 몇 년간 설탕 디톡스 21일 프로그램을 완료한 수천 명의 참가자들이 밝힌 의견을 토대로 한 것이지만, 사람마다 디톡스가 이루어지는 하루하루의 경험은 다 다르다는 사실을 명심하기 바란다! 가령 디톡스가 진행되는 동안 운동을 하지 않는 사람에게는 운동하면서 느끼는 변화는 분명 와 닿지 않을 것이다. 어떤 날은 긍정적인 기분이 샘솟고 낙관적인 기분이 극도로 높아서 세상 꼭대기에 다다른 것처럼 느껴지고, 어떤 날은 너무너무 힘들고 괴로운 기분이 들 수도 있다. 감정이 이렇게 오르락내리락하는 건 정상적이고, 충분히 예상되는 변화다! 분명한 사실은 3주간의 일정을 마치면 몸과 마음이 더욱 탄탄해진다는 것이다. 21일째 되는 날, 챔피언이 된 기분이 들 것이다!

0일차 ㅣ "한번 시작해볼까!"

예상되는 상태 불안감, 흥분, 두려움, 준비하느라 정신없음.

가장 확실한 해결책 희망과 긍정적인 마음으로 21일 디톡스 일정을 맞이하라. 긍정적인 자세는 지금까지 해놓은 계획과 준비단계만큼 중요한 토대가 된다. 38쪽에 나온 준비단계 체크리스트를 미처 살펴보지 못했다면 지금이라도 하면 된다! 디톡스 프로그램을 시작하기 일주일 전부터 준비해야 할 사항을 한 번에 확인할 수 있다.

1일차 | "이런 거였어!"

예상되는 상태 아무 효과가 없을 것 같다는 생각이 엄습하거나 식욕이 극도로 치솟을 수도 있다. 평소보다 더욱 허기가 지거나(디톡스는 다이어트 프로그램이 아니라고 한 이유가 바로 이 점 때문이다. 허기가 지면 먹어도 되는 음식 목록에 있는 것을 먹으면 된다!), 반대로 너무 많이 먹은 건 아닌가 걱정하는 경우도 있다. 평소 자신이 먹던 양보다 더 많은 음식을 먹으라는 제안이 당황스러울 수도 있겠지만 걱정할 것 없다!

가장 확실한 해결책 1일차에 느낀 변화에 유연하게 대처하라.

2일차 | "그리 나쁘지 않은데" 또는 "점점 수월해지려나?!"

예상되는 상태 아무 증상이 없을 수도 있지만 두통이나, 머릿속이 뿌옇게 흐려지는 느낌이 들거나, 허기를 느낄 수 있다.

가장 확실한 해결책 꿋꿋하게 버텨라! 지금 따르고 있는 식단에는 자신이 정한 디톡스 레벨과, 변형 방식에 맞게 단백질과 지방이 충분히 함유되어 있고, 탄수화물도 적당히 들어 있으므로 음식에 균형이 잘 잡혀 있다는 사실을 잊지 말자.

3일차 | "해낼 수 있을까?"

예상되는 상태 피로감, 감기나 독감에 걸린 것 같은 증상, 저혈당, 의구심. 대부분의 참가자들은 디톡스 3일차부터 가장 힘든 시기가 시작됐다고들 이야기한다!

가장 확실한 해결책 "진짜로" 감기나 독감에 걸린 것이 아니라 설탕의 영향이 해독되면서 나타난 변화임을 알아야 한다. 곧장 병원에 달려갈 필요는 없다. 이런 반응은 흔히 나타나고, 며칠 안에 사라진다. 앞으로 찾아올 긍정적인 변화에 정신을 집중해보자. 극심한 식욕에서 벗어나고, 몸 안팎으로 더 건강해질 거라고.

오일 클렌징 4-1-1
오일 클렌징을 비롯한 천연 스킨케어 비법에 관심이 많은 분들에게, 리즈 울프(Liz Wolfe)가 쓴 《스킨터벤션 가이드(가제: Skintervention Guide)》를 강력 추천한다. 필자의 웹 사이트에서도 스킨케어 관련 정보와 팁을 얻을 수 있다 (balancedbites.com/21DSD).

4 일차 | "이제 3일 지났고, 18일이 남았구나!"

예상되는 상태 기분 변화, 피부에 경미한 자극이 발생하거나 트러블이 생길 수 있다. 여드름은 해독 과정에서 흔히 발생하는 증상이며, 인체가 독소를 제거하고 있다는 신호나 다름없다!

가장 확실한 해결책 감정 문제에 있어서는 현실 인식이 가장 중요하다는 사실을 기억하라. 주위 사람들에게 예민하게 굴지 않도록 노력하고, 먹는 음식이 바뀌면 감정 상태에도 생각보다 많은 영향을 줄 수 있다는 사실을 기억하기 바란다. 밀크시슬(차, 팅크, 캡슐)은 피부 상태에 도움이 되고, 생강차는 해독에 유익한 작용을 한다. 피부에 바르는 제품은 자극을 유발할 가능성이 없는지 성분 목록을 꼼꼼히 확인하자. 개인적으로는 오일 클렌징 법을 강력히 추천한다.

5 일차 | "좋아, 감 잡았어."

예상되는 상태 두통이 가라앉기 시작하고 식욕이 감소한다. 준비 과정을 충실히 따르지 않았다면 식욕이 밀려와서 먹는 유혹이 들거나 슬쩍 규칙을 어기고 싶은 마음이 들 수도 있다.

가장 확실한 해결책 순조로운 실천을 위해 맨 처음 단계, 즉 준비 단계를 떠올려보라! 디톡스 프로그램 초반에 필요한 식품을 준비하고 몸에 좋은 간식도 마련해놓고 식단도 계획해두어야 한다고 이야기했었다. 이제 그 단계를 다시 한 번 시작해보자. 필요한 일을 하고, 설탕 디톡스 계획에 적합한 식사와 간식을 이어갈 수 있도록 준비하자.

6 일차 | "2주차도 1주차처럼 잘 끝내려면 어떻게 해야 할까?"

예상되는 상태 감기나 독감에 걸린 것 같은 증상이 사라지기 시작한다.

가장 확실한 해결책 식단을 다시 훑어보고, 2주차를 시작할 채비가 잘 갖추어졌는지 확인해보자.

7일차 | "우와, 거의 일주일이 지났네. 대단해! 그런데 소화는 잘 안 되는데."

예상되는 상태 속이 더부룩하거나 변비, 설사 같은 소화기 문제가 발생할 수 있다. 기운 빠지게 만드는 증상들이지만, 희망을 갖자!

가장 확실한 해결책 자주 묻는 질문(62~63쪽)을 읽어보자. 소화에 관한 정보를 얻을 수 있다.

8일차 | "2주가 더 남다니… 쿠키 먹고 싶어!"

예상되는 상태 주말이 되면 디톡스 계획을 슬쩍 어기거나 계획에 포함되지 않은 음식을 먹고 싶은 유혹을 느낀다. 실수를 저질렀다면 죄책감에 시달린다. 디톡스 초반에 괜찮았던 사람도 이 시점에 피로감을 느낄 수도 있다.

가장 확실한 해결책 디톡스 계획을 어겼다면, 그 사실을 스스로 알아챘든 그렇지 않든 너무 속 태우지 마라. 실수가 자신을 전부 대변하는 것도 아니고, 그동안 해온 일을 대표하는 것도 아니다. 다만 디톡스 계획과 스스로에게 한 약속을 성실히 지켜야 한다는 경보음으로 생각하자. 아주 간단한 3주 계획이니 얼마든지 다시 제자리로 돌려놓을 수 있다! 그리고 또 한 가지, 설탕 디톡스 계획에 잘 맞는 쿠키도 있다는 사실을 잊지 말자. 207쪽 레시피를 확인해보기 바란다.

9일차 | "이런 음식들 정말 지긋지긋해!"

예상되는 상태 음식을 준비하다가 시간이 너무 오래 걸려서 도저히 감당 못하겠다는 기분이 들 수 있다. 이쯤되면 요리에는 점점 익숙해지고, 시도해봐야 할 레시피도 많이 모아두었을 것이다.

가장 확실한 해결책 장보기 목록을 새로 작성하고 새로운 레시피에 도전해보자! 2주차 쇼핑 목록과 준비과정을 뛰어넘어버렸다면 지금이라도 시작하면 된다. 이 책 말고 다른 곳에서 수집해둔 레시피가 있으면 식단에 넣고 필요한 재료를 구입하자.

10일차 | "거의 절반을 왔고, 기분이 좋아졌어!"

 (만약 당신에 이런 증상이 있다면) 가스가 차고 속이 더부룩한 소화상의 문제들은 사라졌을 것이다. 당신은 점점 요리하게 하게 되고, 시도하고 싶은 레시피를 고르게 된다.

 구매 리스트를 새로 만들고 새 레시피를 시도해보라! 만약 당신이 2주차 물건을 쇼핑을 하거나 준비하지 않았다면, 당장 그것을 준비해야 한다. 혹시 이 책이 아닌 다른 곳에서 구한 레시피가 있다면, 당신의 식사 계획에 포함시키고, 그 재료들을 구입해야 한다.

11일차 | "설탕이 마구 당기지 않다니, 어떻게 이런 일이!"

 설탕 디톡스를 시작하기 전에 먹던 음식들이 자신에게 어떤 영향을 주었는지 선명하게 깨닫는 순간이 온다. 먹고 싶은 충동이 크게 줄어들었다는 사실에 스스로 놀란다.

 현재 느끼는 기분을 기록하고, 지금까지 겪은 고생과 성공을 정리해보자. 필자의 웹 사이트(balancedbites.com/21DSD)에 게시된 일일 성공일지를 활용해도 된다(68~69쪽에 견본이 나와 있다). 미리 준비하지 못했다면 지금이라도 다운로드 받아서 내용을 채워보자!

12일차 | "운동을 해도 평소처럼 힘이 나지 않아."

 탄수화물 섭취량이 줄면서 몸이 떨리거나 기운이 빠진다. 운동선수는 운동이 잘 안 되는 상태가 될 수도 있다(특히 디톡스 계획을 적절히 수정하지 않은 경우). 규칙적으로 운동하는 사람은(이 경우 디톡스 계획에서 섭취열량을 변경해야 한다는 사실을 숙지했으리라 생각한다) 영양 밀도가 높은 탄수화물 식품을 식단에 추가하지 않았다면 이 시기 즈음에 운동이 순탄하게 되지 않는다는 사실을 느낄 것이다.

 식단에 관한 권고 사항을 다시 읽어보고, 자신이 택한 디톡스 레벨별로 섭취열량 조정 방식에 맞게 운동 후 먹는 식사에 탄수화물을 적절히 추가했는지 확인해보자.

13일차 | "그렇게까지 힘들지 않네. 계속 이렇게 먹어도 될 것 같아."

예상되는 상태 2주차가 끝나갈 때쯤이면 기분 변화와 신체 에너지가 눈에 띄게 개선된다.

가장 확실한 해결책 물 들어올 때 노 저어라! 주변 사람들에게 그간 경험한 일을 이야기하고 지금 느낀 변화에 대해, 건강을 생각한 선택에 대해, 그동안 깨달은 것에 대해 생각해보자.

14일차 | "갓난아기처럼 푹 자는데, 이게 꿈이야 생시야?"

예상되는 상태 잠자리에 누우면 금세 잠이 들 뿐만 아니라 밤새도록 푹 자고 아침에 일어나면 몸이 훨씬 개운하다.

가장 확실한 해결책 남아 있는 디톡스 기간은 물론, 그 이후에도 잠을 충분히 잘 수 있도록 수면 습관이 올바르게 자리 잡도록 노력하자(매일 잠자리에 들고 일어나는 시각을 정해서 일정하게 유지하고, 잠은 어둡고 서늘한 방에서 자고, 밤에 잠잘 준비도 규칙적으로 하자).

15일차 | "제발 이 녹색 사과 그만 좀 먹었으면."

예상되는 상태 먹는 음식이 지루하게 느껴지고, 끊은 음식이 그립다. 처음에는 21일 동안 과일을 최소한 몇 가지라도 꾸준히 먹을 수 있다는 사실만으로 만족한다고 느꼈으리라. 하지만 이 즈음되면 녹색 사과나 덜 익은 바나나를 보고 좋아했던 마음도 희미해진다.

가장 확실한 해결책 이 책에 소개된 레시피나, 일일 디톡스 이메일에 첨부된 레시피, 핀터레스트에 올라온 온갖 레시피를 눈으로만 훑지 말고 나가서 재료를 사다가 만들어보자! 음식을 선택할 수 있는 폭이 좁아져서 먹을 수 있는 음식에 제약이 많다고 생각하는 사람들도 있지만, 잘 살펴보면 설탕 디톡스 21일 프로그램에 잘 맞는 레시피가 그야말로 무한정 나와 있다. 235쪽에 소개해둔 자료들을 찾아보면 3주 동안 다 시도할 수도 없을 만큼 많은 레시피를 얻을 수 있다. 1년 내내 하나씩 해봐도 다 못 해볼지도 모른다!

16 일차 | "다이어트 프로그램이 아닌 건 잘 알지만, 그래도 몇 킬로그램 정도는 빠졌으면 좋겠다는 생각을 안 할 수가 없어!"

예상되는 상태   체중이 어느 정도 줄거나, 옷이 헐렁해진다(체중 감소보다 이게 더 좋은 변화다). 혹은 그런 변화가 없을 수도 있다. 체중계에는 설탕 디톡스 21일 프로그램을 시작하기 전에 한 번, 완료한 후에 한 번 올라가는 것이 최선이다. 그렇지 않으면 수시로 체중을 확인하느라 정신이 나가버릴지도 모른다.

가장 확실한 해결책   체중계를 멀리하라. 애당초 이 디톡스 프로그램을 왜 시작하기로 결심했는지, 그 수많았던 이유를 다시 떠올려보자. 그리고 이미 여러분의 인체와 삶에 벌어진 놀라운 변화에 집중하자.

17 일차 | "아직 멀었어?!"

예상되는 상태   인내심을 잃고 언제 끝나나, 싶은 마음이 든다. 17일차는 21일 디톡스 일정 중에서 거의 대부분의 사람들에게 "가장 힘든 날"이다.

가장 확실한 해결책   설탕 디톡스를 함께 시작한 친구나 온라인에서 응원해주는 사람들과 이야기를 나누자. 21일까지 모든 계획을 완료하면 스스로에게 "선사"할 수 있도록 음식이 아닌 보상을 마련해두자. 관심 있게 지켜보았던 요리책이나 사고 싶었던 매니큐어를 구입하는 것도 좋고, 박물관에 가서 하루 마음껏 휴식하거나 연극, 콘서트 티켓 또는 스포츠 경기 티켓을 구입하는 것도 좋은 방법이다. 주방에 새로운 도구를 몇 가지 들여놓는 것도 좋을 것이다.

18 일차 | "이제 종반에 접어들었는데, 다 끝난 다음에는 뭘 해야 할까?"

예상되는 상태   21일 프로그램이 종료된 후에 뭘 해야 할지 불안해진다. 지극히 정상적인 반응이다.

가장 확실한 해결책   63~67쪽에 나온 "설탕 디톡스 21일 프로그램 이후"에 관한 조언을 읽어보기 바란다.

19^{일차}

19일차 | "21일이 다 되어가는 마당에, 〔그동안 한참 그리워했던 음식〕조금 먹는다고 해서 나쁠 건 없지 않을까?"

예상되는 상태 "속임수"를 쓰고픈 강한 충동에 사로잡히거나, 19일 정도면 충분하다는 생각이 든다.

가장 확실한 해결책 최종적으로 얻게 될 결과에 초점을 맞추자. 이 해독 프로그램이 딱 3주 동안 설탕을 배제시키기 위한 것은 아님을 기억하라. 습관을 바꾸는 것도 프로그램의 중요한 부분이다. 3일만 더 견디면 엄청난 성취감을 얻을 수 있다!

20일차 | "21일차만 돼 봐, 허리띠 풀고 먹고 싶은 건 다 먹고 말 거야!"

예상되는 상태 탄수화물로 마음껏 배를 채워야겠다는 강렬한 욕구가 솟구친다.

가장 확실한 해결책 마지막 이틀을 무사히 보내는데 집중하고, 마음 단단히 먹고 디톡스를 완료하자! 22일에 할 일은 지금 말고, 그때 가서 생각하자!

21일차 | "그래, 이거야!"

예상되는 상태 21일 동안 해냈다는 안도감과 자신감, 신나고 즐거운 기분이 솟아난다!

가장 확실한 해결책 마지막 날도 끝까지 힘내자. 정신 바짝 차리고 다음 날부터 무엇을 할지 생각해보자. 63~67쪽에 디톡스 프로그램을 완료한 이후 해야 할 일들에 관한 조언이 나와 있다!

22일차 | "해냈어! 초콜릿 이리 내!"

예상되는 상태 지난 3주간 먹지 말아야 할 음식으로 여겼던 식품을 다시 먹으려 하니 왠지 걱정이 된다.

가장 확실한 해결책 진정하시라! 원래 먹던 음식을 다시 먹더라도 천천히, 조금씩 시작해야 한다. 설탕이 듬뿍 들어간 음식을 실컷 먹고 나면 반드시 몸이 안 좋아지는 기분이 밀려올 것이다!

식이보충제에 관한 이야기

"불가능하다고 말하는 사람은, 지금 하고 있는 방법에서 벗어나야만 한다."

– 트리샤 커닝햄(Tricia Cunningham)

설탕 디톡스 21일 프로그램을 시작하고 나서 강렬한 식욕을 느낄 수 있고 이를 해소하는 데 도움이 될 만한 방법이 없을까 고민할 수 있다. 일단 허브 성분의 보충제나 비타민과 무기질 보충제의 도움을 받기 전에 먹는 음식을 통해 자연스럽게 식욕을 억제하려고 시도해볼 것을 권한다. 특히 두 가지 방법이 효과적이다.

- 레몬 물(아래에 설명한 것처럼 L-글루타민을 첨가할 수도 있다). 레몬이나 다른 감귤류 과일의 향이 나는 물로 몸에 수분을 공급하면 단 음식을 먹고 싶은 욕구를 진정시키는 데 도움이 된다.
- 허브티(가끔 코코넛 밀크를 약간 추가해서 마신다). 나는 트래디셔널 메디시널스(Traditional Medicinals) 브랜드의 유기농 차를 즐겨 마신다. 생강, 페퍼민트, 싱크 오투(Think O2), 감초 뿌리 등 다양한 차를 판매하고 있다(자극제로 작용할 수 있으므로 오후 3시 이전에만 마시자).

주의사항

현재 복용 중인 약이 있거나 임신 여성, 모유 수유 중인 여성, 질병을 앓고 있거나 의학적으로 심각한 증상이 있는 사람은 새로운 보충제를 복용하기 전에 반드시 의사나 자연요법 전문가 등 의료보건 전문가와 상의해야 한다.

허브티는 인체의 다양한 기능을 돕는다. 제품 설명을 읽어보면 더욱 자세한 내용을 알 수 있다. 차에 함유된 '약용' 효과는 보통 아주 미미한 수준이므로, 평소 향과 맛으로 즐겨 마시는 차가 혹시라도 몸에 특별한 작용을 하지 않을까 우려할 필요는 없다. 다만 한 가지 유념할 사항은 티백 하나로 여러 잔을 우려서 차 농도를 희석해서 먹는 것이 하루 종일 진한 차를 마시는 것보다 낫다는 것이다.

물과 차로는 식욕을 줄이는 데 도움이 되지 않는다면, 각종 허브와 식이보충제를 활용하는 방법이 있다. 사람마다 특징이 다 달라서 효과도 제각기 다르지만 모두 약효가 순하고 권고된 양만큼만 섭취하면 이로운 효과만 얻을 수 있다.

권고된 양보다 더 많이 먹는다고 해서 반드시 효과가 더 좋은 것은 아니다. 그러므로 항상 적은 양부터 시작하여 며칠간 몸이 어떻게 반응하는지 살펴보는 것이 가장 좋은 방법이다. 49~52쪽에 내가 추천하는 순서대로 몇 가지를 정리해보았다. 그 첫 번째는 시나몬으로, 설탕 디톡스 21일 프로그램을 실천하는 동안 음식에 첨가하면 효과가 아주 좋아 강력 추천하는 향신료다.

시나몬 (계피)

- **이게 뭔가요?** 향이 좋은 향신료의 일종이다.

- **어떤 작용을 하나요?** 시나몬은 혈당 조절을 돕는다. 또한 단것을 먹었을 때와 약간 비슷한 감각을 일으켜서 맛있는 간식을 먹은 듯한 만족감을 주면서도 몸이 단맛을 느꼈을 때 나타내는 반응을 촉발하지는 않는다. 웹 사이트 whfoods.com에서는 시나몬을 다음과 같이 설명한다. "시나몬은 식사 후 위장이 비는 속도를 늦추고 음식을 먹은 다음 혈당이 급증하는 폭을 줄여준다."

- **얼마나 먹어야 하나요?** 시나몬을 음식에 원하는 만큼 첨가해서 먹거나, 차나 커피를 마실 때 위에 뿌려서 먹으면 된다. 이 책 뒷부분의 레시피에도 나와 있듯이 코코넛 밀크나 아몬드 밀크에 티스푼으로 한 스푼 반을 넣어서 먹어도 좋다. 감미료를 넣지 않은 간식을 만들 때 시나몬을 기호에 맞게 넣어서 먹는 방법도 있다. 커리 파우더, 칠리 파우더 등 다른 향신료와 섞어서 육류를 양념할 때 사용할 수도 있다. 특히 돼지 갈비나 분쇄된 쇠고기와 양고기에 첨가하면 달달하면서도 짭짜름한 요리로 만들 수 있다.

- **언제 먹어야 하나요?** 시나몬은 하루 중 어느 때고 상관없이 음식에 넣어서 즐길 수 있다. 이 책에서 소개한 간식 레시피를 찾아보면 시나몬이 사용된 음식이 많다.

L-글루타민

- **이게 뭔가요?** 아미노산의 일종이다. L-글루타민은 쇠고기, 닭고기, 생선, 달걀 등 단백질 함량이 높은 음식에 함유되어 있다. 이러한 음식이 많이 포함된 식단을 계획해서 잘 지키고 L-글루타민 보충제를 섭취하면 식욕과의 전쟁에서 승리를 거두는 데 많은 도움이 된다.

- **어떤 작용을 하나요?** L-글루타민은 장(소장) 내벽을 튼튼하게 하고 장의 기능을 향상시켜 인체 대사와 식욕 등 전반적인 기능 조절을 돕는다. 또한 세포가 사용할 수 있는 에너지를 공급하여 설탕을 먹고 싶은 강렬한 욕구를 가라앉히는 데 도움이 된다.

- **얼마나 먹어야 하나요?** 파우더 형태의 보충제 2~4그램을 물에 타서 하루 두 번 섭취한다. 일상식에 L-글루타민을 추가한 뒤에 변비 증상이 나타나면 섭취를 중단하고 배변 활동이 평상시처럼 돌아오면 양을 절반으로 줄여서 다시 섭취한다.

- **언제 먹어야 하나요?** 끼니 사이에 먹는다. 하루 중 최대한 이른 때에 한 번, 최대한 늦게 한 번 섭취하는 것이 좋다.

마그네슘

- **이게 뭔가요?** 무기질의 일종이다. 마그네슘이 함유된 식품은 다시마, 호박씨, 해바라기씨, 시금치, 브로콜리, 근대, 연어, 굴, 넙치, 가리비, 말린 허브, 뼈를 우려낸 국물 등이 있다.

- **어떤 작용을 하나요?** 마그네슘은 300가지가 넘는 인체 효소의 작용을 돕는다. 특히 에너지 생산(앞에서 이야기한 세포 에너지)에 중요한 역할을 한다. 또한 인슐린의 작용을 도우므로 마그네슘을 충분히 섭취하면 혈당 조절이 훨씬 수월하게 이루어진다.

- **얼마나 먹어야 하나요?** 섭취 방법 하나. 내추럴 컴(Natural Calm) 브랜드의 음료 분말(구연산 마그네슘)로 하루 300~600밀리그램의 마그네슘을 섭취한다. 처음에는 반 티스푼으로 시작해서 필요에 따라 양을 늘리면 된다. 체중이 58킬로그램 이하인 사람은 최소 섭취량 기준으로 먹어야 한다. 1회 섭취량대로 먹은 후에 설사 증상이 나타나면 마그네슘을 과용한 것이니 섭취량을 줄여야 한다. 이 제품의 경우 단맛이 매우 강하지만 과량 섭취하면 몸에 이상 증상이 발생할 수 있으므로 단맛 때문에 많이 먹는 일은 생기지 않으리라고 본다. 본 제품은 하루 한 번 이상 섭취하지 말아야 한다. 섭취 방법 둘. 마그네슘 글리시네이트나 말

산마그네슘을 캡슐 형태로 하루 300~600밀리그램씩 섭취한다.

- **언제 먹어야 하나요?** 마그네슘은 하루 중 언제든 먹어도 되지만, 몸을 이완시키는 작용을 할 수 있으므로 저녁 식사 후에 섭취하는 것이 가장 좋다.

크롬

- **이게 뭔가요?** 무기질의 일종으로, 시중에 판매되는 제품들에는 크롬 피콜리네이트(chromium picolinate) 크롬 폴리니코티네이트(chromium polynicotinate), 크롬 킬레이트의 형태로 함유되어 있다. 크롬이 함유된 식품으로는 달걀, 양파, 로메인 상추, 완숙 토마토, 간, 후추, 껍질이 포함된 녹색 사과와 김, 다시마, 덜스(dulse : 식용 홍조류의 일종 – 역주) 등이 있다.
- **어떤 작용을 하나요?** 크롬은 인슐린의 작용에 대한 인체의 민감도를 높여서 혈당을 더욱 원활히 조절할 수 있도록 돕는다. 자연요법 전문가인 마이클 머레이(Michael Murray)는 "크롬은 혈당 조절을 개선시키는 효과가 있으므로 당뇨 환자와 저혈당 환자 모두 보충 섭취하는 것이 바람직하다"고 밝혔다.
- **얼마나 먹어야 하나요?** 하루 한 번에서 세 번, 200마이크로그램씩 섭취한다(총섭취량 200~600마이크로그램).
- **언제 먹어야 하나요?** 한 번에 200마이크로그램씩 식사와 함께 섭취한다. 하루에 한 번이나 두 번 섭취하는 경우 아침 식사, 점심 식사와 함께 섭취하고 저녁에는 섭취하지 말자.

비타민 B 복합체

- **이게 뭔가요?** 수용성 비타민이다. 비타민 B군을 섭취할 수 있는 식품은 간, 유제품(생유나 저온살균처리를 하지 않은 유제품 또는 지방이 그대로 함유된 유기농 유제품이 해당된다), 잎채소, 달걀, 육류(주로 비타민 B12 함유) 등이 있다.
- **어떤 작용을 하나요?** 비타민 B 복합체는 세포에서 이루어지는 복잡한 대사 과정에서 중요한 역할을 담당한다. 피로감을 떨치는 데에도 도움이 된다. 음식으로는 충분히 섭취하지 못하는 경우가 많다.
- **얼마나 먹어야 하나요?** 비타민 B 복합체의 형태로 하루 두 번, 100밀리그램씩 섭취한다.

- **언제 먹어야 하나요?** 아침과 점심에 섭취하자. 비타민 B 복합체는 에너지를 증대시키는 효과가 있으므로 저녁에는 먹지 않는 것이 좋다.

짐네마

- **이게 뭔가요?** 짐네마 실베스트리(Gymnema sylvestre)로도 불리는 허브의 일종이다. 캡슐, 태블릿, 분말, 액상 제품으로 구입할 수 있다. 잎으로 구한 경우 그대로 씹어서 먹거나 허브티와 함께 우려서 마시면 된다.
- **어떤 작용을 하나요?** 짐네마는 입안에서 느끼는 단맛을 줄여주므로 설탕을 먹고 싶은 욕구를 약화시키는 데 도움이 된다.
- **얼마나 먹어야 하나요?** 구입한 제품에 나와 있는 복용법을 따른다. 처음에는 소량으로 시작하자. 일단 1회 섭취량을 먹어보고, 몸의 반응에 따라 조절하면 된다.
- **언제 먹어야 하나요?** 아무 때나 식욕이 강하게 느껴질 때 섭취한다. 또는 허브티를 마시면서 단맛을 느끼고 싶지 않을 때 섭취한다.

자주 묻는 질문

"제대로 준비하지 않으면 제대로 된 결과를 얻을 수 없다."

– 벤저민 프랭클린(Benjamin Franklin)

디톡스 프로그램

Q 설탕 디톡스 21일 프로그램은 다른 영양 프로그램이나 디톡스, 인체정화 프로그램과 어떤 점이 다른가요?

더 나은 음식을 먹고, 더 건강해지거나 체중을 줄일 수 있도록 포괄적으로 도와주는 영양 프로그램은 많다. 다 괜찮은 프로그램들이다! 설탕 디톡스 21일 프로그램은 그와 같은 목적을 모두 충족시키지만, 주된 목표는 설탕과 탄수화물에 대한 강렬한 식욕을 잠재울 수 있도록 돕는 것이다. 이 프로그램은 입맛과 식습관을 단 음식에서 멀리 떼어놓는 것에 특히 주력한다. 놀라운 사실은, 설탕 디톡스를 시작하고 설탕이 든 음식이나 정제식품을 며칠 동안 멀리하면 프로그램에 포함된 자연식품이 굉장히 달게 느껴지기 시작한다는 것이다! 반드시 마셔야 하는 쉐이크나 파우더, 물약, 알약 같은 건 없다. 원하는 사람은 취향에 따라 스무디 레시피를 참고해서 만들어 마시면 되고(104쪽 참고), 도움이 될 만한 식이보충제를 이용할 수도 있다(48~49쪽 참고). 설탕 디톡스 21일 프로그램은 채식 프로그램이 아니며, 복잡한 요리법을 따라야 한다거나 굶어야 성공하는 프로그램도 아니다. 프로그램을 시작한 후에 허기가 느껴지면 식물성 음식과 동물성 음식이 고루 포함된 방대한 식품 목록 중에 원하는 것을 골라서 먹으면 된다. 인체가 설탕에서 벗어나느라 며칠간은 힘들게 느껴질 수도 있지만 대부분 시간이 갈수록 점점 수월해진다.

 굳이 이 프로그램을 따르지 않더라도, 그냥 먹는 음식에서 설탕을 싹 빼면 "설탕 디톡스"를 할 수 있지 않나요?

그렇게 될 수도 있고, 안 될 수도 있다. 설탕을 식단에서 배제한다는 계획 자체는 '간단'하다. 그러나 결코 간단치 않은 부분은 설탕을 먹지 않는다고 해서 먹고 싶은 욕구가 모두 사라지는 건 아니라는 사실이다. 이 프로그램으로 설탕 디톡스에 성공할 수 있는 이유는 어떤 음식에 설탕이 들어 있는지 보다 확실하게 알고 설탕이 우리 몸에서 하는 작용과 먹고 싶은 욕구를 촉발시키는 그 과정도 명확하게 알 수 있다는 점이다. 내가 설탕 디톡스 21일 프로그램을 만든 이유는 설탕을 안 먹는 것을 지레 두려워하는 사람들을 도와주고, 포괄적인 부분까지 알려주는 명료한 계획을 제공하기 위해서다. 수많은 사람들이 강렬한 식욕에서 벗어나게 해줄 효과적인 방법을 찾기가 너무 어렵다고 호소한다. 그리고 겉으로 드러나는, 설탕을 안 먹는 것으로는 그리 큰 도움이 안 된다고 느낀다. 여러분이 설탕 디톡스 21일 프로그램을 시작하고 나면 이 질문이 여러분에게 주어질 가능성이 높으므로 나의 답을 잘 기억해놓으면 도움이 될 것이다.

 설탕 디톡스 21일 프로그램은 저탄수화물, 무탄수화물, 무설탕 프로그램의 일종인가요?

전혀 비슷하지도 않다! 설탕 디톡스 21일 프로그램은 첨가당이나 감미료, 정제식품은 하나도 먹지 않지만 자연식품에 함유된 탄수화물은 듬뿍 섭취하며, 식품에 자연적으로 들어 있는 몇 가지 천연 당분도 먹는다. 탄수화물이나 천연 당류가 들어 있는 식품(지방이 그대로 함유된 유제품과 몇 가지 과일 등)의 섭취량은 프로그램에 참여하는 개개인의 특정한 목적이나 신체활동량에 따라 정해진다. 예를 들어 운동을 하거나 아기를 돌보는 등 특별한 상황에 맞도록 섭취 열량을 조정해야 하는 경우, 자연식품을 추가하고 영양 밀도가 높은 탄수화물 식품도 더해서 필요한 열량을 얻을 수 있도록 한다.

 설탕 디톡스 21일 프로그램을 여러 번 시도해도 되나요?

물론이다! 1년에 한 번 이상 이 프로그램을 반복하는 사람들이 많다. 더 높은 레벨로 도전하거나, 이전과 다른 목표를 설정하고 재차 도전하는 경우가 대부분이다. 21일간 모든 일정을 처음으로 완료하고 불과 일주일 정도 쉬었다가, 여러 사람을 모아서 단체로 매달 첫 번째 월요일마다 반복하는 사람들도 있다. 또 21일을 30일로 늘리거나 그보다 더 길게 늘려서 실천하는 사람들도 있다.

Q 임신 중이거나 모유 수유 중인 사람은 디톡스 프로그램을 안 하는 것이 좋다고 들었습니다. 설탕 디톡스 21일 프로그램은 그냥 해도 되나요?

해도 된다! 물론 디톡스 프로그램 중에는 임신 여성이나 모유 수유 중인 여성에게 알맞지 않은 방법도 있다. 그러나 설탕 디톡스 21일 프로그램은 자연식품이 중심이 되는 프로그램이며, 식이보충제를 이용해서 중금속이나 유해 물질 등 특정한 독성 물질을 몸에서 제거하는 것이 주된 목적은 아니다. 즉 무엇에 주력하는가에 큰 차이가 있다. 실제로 많은 임신 여성들과 모유 수유 중인 여성들이 설탕 디톡스를 시도하고 큰 성공을 거두었으며, 과거 임신했을 때 겪었던 임신성 당뇨에서 벗어난 경우도 있다. 이 프로그램은 자연식품, 온전한 식품을 먹는 단순한 방식으로 운영된다. 따라서 임신여성, 모유 수유 중인 여성을 포함해 누구에게나 건강에 도움이 된다. 다만 임신 중이거나 모유 수유 중이면, 어떤 레벨로 이 프로그램을 실시하느냐에 따라 섭취열량을 조정해야 한다. 즉 같은 레벨을 택한 일반인들보다 탄수화물 밀도가 높은 음식을 더 많이 먹어야 한다. 끼니에 감자가 더 많이 포함되는 것도 한 가지 예시이다. 이 같은 조정을 통해 모유가 원활하게 만들어지도록 하고, 신체 에너지를 강화할 수 있다.

Q 설탕 디톡스 방식대로 계속 먹고 살아도 안전할까요?

설탕 디톡스 21일 프로그램은 당분이 적고 식욕을 덜 촉발시키는 음식으로 이루어진다. 안전한 식단일 뿐만 아니라, 장기간 실천하기에 아주 적합한 방법이다. 그러므로 식습관의 한 종류라기보다는 생활방식에 더 가깝다. 자연 그대로의 음식, 천연식품은 안전하고 건강에도 이롭다. 설탕 디톡스를 완료한 사람들 가운데 대다수가 몸에 나쁜 탄수화물을 먹지 않는 방식을 그대로 고수한다. 그러한 식품을 먹지 않으면 몸 상태가 얼마나 좋아지는지 이미 깨달았기 때문이다. 설탕 디톡스를 마치고 조금 더 수월하고 통제하기 쉬운 방식으로 바꿔서 실천하는 사람들이 활용하는 방법 가운데 몇 가지를 예로 들면 아래와 같다.

- 매일 제철 과일을 1~2회 섭취분량씩 먹는다.

- 카카오 함량 85퍼센트인 유기농 다크초콜릿 한두 개를 식단에 추가한다.

- 고구마, 플랜테인(바나나와 비슷하게 생긴 열매. 주로 굽거나 튀겨서 먹는다 – 역주)처럼 전분 함량이 높지만 몸에 이로운 탄수화물을 식단에 포함시킨다(설탕 디톡스 프로그램의 섭취열량 조정 범위에 포함되지 않았던 경우).

- 구석기 다이어트, 원시인 다이어트, 곡류를 먹지 않는 다이어트 등 설탕 디톡스 21일 프로그램과 상당 부분 비슷한 식단을 찾아본다.

Q 설탕 디톡스 21일 프로그램을 시작하지 말아야 하는 경우도 있나요?

경기 시간이 종일 소요되는 운동 대회(크로스핏 대회처럼)나 마라톤, 그 밖에 1시간 이상 시합이 이루어지는 지구력 운동 경기에 참가하려고 훈련을 받고 있는 사람은 이 프로그램을 시작하지 말기를 권한다. 훈련과 대회를 모두 마친 다음에 시작하는 것이 좋다. 일상적인 운동이나 운동 시간이 그보다 짧은 대회, 경주에 나가는 경우에는 설탕 디톡스 21일 프로그램의 섭취열량을 조정해서 실천하면 필요한 신체 에너지를 공급할 수 있다.

Q 설탕 디톡스 21일 프로그램을 칸디다균 예방 식단으로 활용해도 될까요?

설탕 디톡스 21일 프로그램은 칸디다균의 과다증식(칸디다증의 원인)을 방지하기 위해 고안된 프로그램이 아니므로, 의사의 전문적인 진단이나 치료를 대체할 수 있는 방법으로 여겨서는 안 된다. 칸디다증 진단을 받아본 적이 있는 사람은 본 프로그램에서 섭취를 권하는 식품과 피해야 한다고 밝힌 식품이 진균의 일종인 이 칸디다균(Candida albicans)을 없애기 위해 특별히 마련된 식생활 프로그램과 유사한 점이 매우 많다고 이야기한다.

칸디다균이 사라지는 과정에서 발생하는 증상으로는 구역질, 두통, 피로감, 어지럼증, 각 분비기관이 붓는 증상, 감기에 걸린 듯한 증상, 복부 팽만감, 속에 가스가 차는 느낌, 변비, 설사, 피부 발진이나 트러블, 땀, 열, 질염이나 축농증의 재발 등이 포함된다. 이와 같은 증상은 설탕 디톡스 21일 프로그램을 시작한 후 인체의 에너지원이 바뀐 경우(즉 탄수화물보다 지방을 더 많이 활용하게 된다)에도 나타날 수 있다. 그러므로 '탄수화물 병'이라고도 불리는 이런 증상이 나타난다고 해서, 반드시 칸디다증에 걸린 것으로 확신해서는 안 된다. 칸디다 예방을 위한 식단은 설탕 디톡스 프로그램과 달리 대부분 발효식품을 일체 먹지 않는다. 칸디다증에 걸린 것으로 의심되는 경우(위와 같은 증상이 일주일 이상 지속되는 등), 설탕 디톡스를 시작하더라도 사우어 크라우트(양배추를 발효시켜서 만든 독일 정통 음식 - 역주)나 곰부차(홍차버섯을 발효시켜서 만든 차 - 역주), 숙성된 치즈, 요구르트, 케피어 유산균 발효유 등 발효된 식품을 먹지 않는 식단으로 변경할 수 있다.

칸디다에 감염된 것으로 의심되거나 이미 증상이 나타난 사람은 자연요법 전문가나 기타 의료 전문가를 찾아가서 진단을 받고 감염을 치료할 것을 강력히 권고한다. 또한 설탕 디톡스 21일 프로그램을 시작하고 2주 이상 칸디다증 증상이 사라지지 않는 것은 매우 드문 일로, 건강에 다른 문제가 발생했을 가능성도 있다. 이와 같은 경우에도 반드시 의료 전문가를 찾아가서 어떤 문제가 있는지 확인해봐야 한다.

Q 설탕 디톡스 21일 프로그램을 제 목적에 맞게 바꾸어도 되나요?

자신의 필요에 맞게 프로그램 내용을 수정하는 것에 대해서는 말릴 생각이 전혀 없다. 모두 각자에게 달려 있다. 단, 아직 한 번도 이 프로그램의 기본 원칙대로 최소 3주간 실천해보지 않은 경우(어떤 레벨을 택하든 상관없이) 내용을 바꾸기 전에 일단 정해진 대로 해볼 것을 강력히 권한다. 이 프로그램이 권하는 지침을 다른 방식으로 바꾼 사람들 중에는 그대로 실천한 사람들만큼 성공적인 결과를 얻지 못하는 경우가 많다. 이 설탕 디톡스 프로그램은 있는 그대로의 자연식품을 먹는 것이 대부분을 차지하는 만큼, 최소한 한 번은 프로그램의 정해진 방식대로 전 과정을 마치고, 그 이후 자신에게 더욱 도움이 되는 방식을 찾았다면 그것을 따르는 것이 적절하다고 본다.

Q 설탕 디톡스 21일 프로그램에 포함된 과일과 포함되지 않은 과일의 기준은 무엇인가요? 계획에 포함되지 않은 과일 중에, 당분 함량이 더 적은 것도 있지 않나요?

설탕 디톡스 21일 프로그램의 주된 목표는 여러분의 입맛과 습관을 바꾸는 것이다. 이를 위해 맛이 쓰거나 시고 단조로운 축에 속하는 녹색 사과와 덜 익은 바나나, 그레이프프루트와 같은 과일만 식단에 포함시켜 생소한 맛을 느끼도록 유도한다. 프로그램에 포함된 일부 과일은 실제로 천연 당분의 함량이 베리류 등 다른 과일보다 높을 수도 있지만 맛이 굉장히 달게 느껴지거나, 설탕이 든 음식을 더 많이 먹고 싶은 욕구를 촉발시키지는 않는다.

과일을 먹으면 설탕을 먹고 싶은 욕구가 솟구칠까봐 염려됩니다. 프로그램에서 권하는 양보다 과일을 덜 먹어도 되나요?

과일 섭취량을 프로그램에서 정한 양보다 줄이는 것은 권하지 않는다. 수천 명의 참가자들이 과일을 제한된 양만큼 먹었을 때 지나치게 제한된 식단에서 얻은 스트레스를 조금이나마 해소했고, 동시에 망고나 파인애플 통조림처럼 단맛이 강한 과일을 먹었을 때처럼 식욕이 솟구치는 상태는 되지 않는다고 밝혔다. 바로 이 부분이 내가 "무리하지 말라"고 이야기해주고 싶은 지점이다. 먹어도 되는 범위에 해당되는 과일을 먹지 않는다고 해서 디톡스 프로그램의 효과가 더 커지지는 않는다는 사실을 유념하기 바란다. 그 범위 내에서는 앞으로 먹을 당류의 양을 줄여주는 역할을 하기 때문이다. 이러한 과일을 먹는 것도 건강에 해로운 습관이 될 가능성이 있는 경우에만 아예 먹지 않는 편이 더 이로울 수 있다. 허용된 과일은 종류와 섭취량만 지키면 구워 먹든, 단시간에 익혀서 먹든, 생으로 먹든, 견과류 버터와 함께 먹거나 샐러드에 넣어서 먹든 마음대로 먹을 수 있다. 자연식품인 과일을 기분 좋게 즐길 것을 권하지만, 이 같은 과일을 먹는 습관이 건강에 해가 되는 방향으로 발전할 수 있다고 생각된다면 알아서 섭취량을 더 제한해도 된다.

Q 설탕 디톡스 21일 프로그램에 포함된 견과류는 어떤 기준으로 선정되나요?

설탕 디톡스 21일 프로그램에 캐슈넛과 땅콩은 포함되지 않지만 그 외 다른 견과류는 허용된다. 앞서 과일의 종류를 제한하는 이유를 설명하면서 이야기했듯이, 본 프로그램의 목표는 여러분의 입맛과 습관을 바꾸는 것이다. 캐슈넛은 단맛을 찾는 습관을 일깨우고 먹는 양을 제한하기가 어렵기 때문에 제외됐다. 또 땅콩은 곡류나 콩과 식물과 마찬가지로 아플라톡신이라는 곰팡이가 발생할 가능성이 높다. 이 프로그램은 해독이 목적이므로 독소 관련 문제가 발생할 수 있는 음식인 땅콩은 배제되었다.

Q 설탕 디톡스 레벨 3을 실천하고 있습니다. 유제품은 먹으면 안 되는 음식에 해당되는데, 커피에 대신 뭘 넣을 수 있을까요?

블랙커피로 마시기가 너무 힘들다면, 다음과 같은 대안을 소개한다.

1. 지방이 그대로 함유된(저지방 제품 말고) 유기농 코코넛 밀크 통조림을 이용하자(나도 즐겨 이용한다). 괜찮은 브랜드로는 홀푸드(Whole Foods), 타이 키친(Thai Kitchen), 네이티브 포레스트(Native Forest: BPA가 사용되지 않은 캔 포장), 내추럴 밸류(Natural Value: BPA가 사용되지 않은 캔, 구아검 미첨가)를 추천한다.

2. 아몬드유. 카라기난, "천연 향료", 구연산, 감미료를 첨가하지 않은 제품인지 확인해야 한다. 첨가물이 들어 있지 않은 무가당 제품으로 선택하거나, 통으로 된 생아몬드로 직접 만드는 방법도 있다(225쪽 레시피 참고).

3. 목초 먹고 자란 소에서 얻은 재료로 만든 버터. 이 조건에 맞는 버터(디톡스 레벨 3에서 섭취가 허용된 유일한 유제품)를 휘핑크림을 만들 듯이 거품을 낸 다음 따뜻한 커피나 뜨거운 커피에 섞어보자. 블랜더를 이용하면 부드러운 거품을 만들 수 있다. 이 기준에 적합한 버터 브랜드로는 케리골드(KerryGold), 스모어(SMJÖR), 오가닉 밸리 패스처 버터(Organic Valley Pature Butter), 칼로나 수퍼내추럴(Kalona Supernatural), 내추럴 바이 네이처(Natural by Nature) 등이 있다.

Q 물 말고 마실 수 있는 음료가 있나요?

나는 신선한 물에 레몬이나 라임즙을 짜서 넣거나, 오이를 얇게 썰어서 "광천수" 느낌이 나도록 만들어서 즐겨 마신다. 톡 쏘는 광천수(산 펠레그리노(San Pellegrino), 게롤슈타이너(Gerolsteiner)와 같은 브랜드 제품이 좋다)나 탄산수를 마셔도 되지만 "천연 향료"나 감미료가 포함되지 않은 제품을 골라야 한다. 허브티도 하루 중 언제든 마실 수 있는 훌륭한 대안이다. 슬쩍 더해진 성분이 없는지만 확인하면 되고, 첨가물이 거의 더해지지 않는 유기농 제품으로 찾아보기 바란다. 트래디셔널 메디시널스(Traditional Medicinals) 브랜드도 아주 괜찮다. 녹차, 백차, 홍차, 커피도 괜찮지만 카페인 성분이 수면에 방해가 될 수 있으므로 정오 이후에는 마시지 않는 것이 좋다.

Q 소스와 드레싱은 어떤 종류로 먹을 수 있나요?

디톡스 전 레벨에 알맞은 소스와 드레싱 레시피가 이 책에도 나와 있고, 웹 사이트 bal-ancedbites.com/21DSD를 방문하여 자료가 정리된 페이지에 들어가면 더 많은 레시피를 확인할 수 있다. 시중에 판매되는 제품이나 음식점에서 사용하는 제품들은 대부분 설탕이나 감미료가 첨가되어 있다. 정말 말도 안 되는 일이지 않은가? 하지만 사실이 그렇다. 기회가 되면 제품 뒷면에 나와 있는 성분들을 읽어보기 바란다.

Q 설탕 디톡스 21일 프로그램 기간에 베이컨이나 절인 육류를 먹어도 되나요?

먹어도 된다! 그와 같은 제품도 성분 목록을 보면 설탕이 빠짐없이 들어가 있지만, 이 경우 설탕이나 감미료는 절대 안 된다는 규칙의 예외라고 보면 된다. 육류를 절일 때 사용된 설탕은 고기에 남지 않기 때문이다. 대신 베이컨을 구입할 때 피해야 할 성분은 BHA, BHT, 인산나트륨, 아스코르브산나트륨을 비롯해 제대로 읽기도 어려운 이름을 가진 보존료다! 반드시 질산염이 사용되지 않은 베이컨을 먹어야 하는 것은 아니지만, 질산염이라도 셀러리 솔트나 비트즙과 같이 천연 성분의 형태로 섭취하는 것이 좋다.

Q 포드맵(FODMAPs)이 무엇인가요? 이것도 피해야 할 사람이 정해져 있나요?

포드맵(FODMAPs)은 "발효되는 올리고당, 이당류, 단당류, 폴리올(fermentable oligosaccha-rides, disaccharides, monosaccharides, and polyols)"의 앞 글자를 따서 만든 용어이다. 탄수화물 중에서도 이와 같은 종류는 소화가 잘 안 되는 사람들이 있다. 그러한 경우 속에 가스가 차고 복부 팽만감, 설사, 변비와 같은 증상이 발생하며 여러 증상이 한꺼번에 나타나거나 번갈아가며 나타나기도 한다. 소장에서 소화가 완전히 소화되지 않아 체내에서 분해되지 못하는 식품들과 달리, 포드맵에 해당되는 식품들은 아래와 같은 문제를 발생시킨다.

- 체내에 해로운 균이 과잉 증식한다(장내 세균 불균형).
- 소화기관 중에서 적절치 않은 곳에 균이 과잉 증식한다. 원래 균이 살지 않는 곳에 자라는데, 주로 소장에서 이 같은 문제가 발생한다(이와 같은 문제를 '소장 세균 과증식'이라고 부른다).
- 위산이 충분히 생성되거나 분비되지 못한다. 이는 위의 두 가지 문제가 발생하는 원인이 된다.
- 해외로 여행을 가면 위에 병원균이 감염되는 등 각종 감염 질환이 잘 생긴다.

이 책에서 소개한 레시피 중에 포드맵에 해당되는 재료가 포함된 경우, 문제를 일으킬 수 있으므로 재료 목록에 따로 표시를 해두었다. 또 포드맵 재료가 없어도 만들 수 있는 요리인 경우 빼도 되는 재료를 밝혀두었다. 예를 들자면 "포드맵 없이 만들려면? 셜롯은 빼고 만드세요"와 같이 나와 있다. 포드맵 식품을 소화하기 힘들다고 생각되면 자연요법 전문가나 카이로프랙틱 전문가 등을 찾아가서 대변검사를 통해 소화가 안 되는 근본 원인을 찾아볼 것을 권한다. 소화에 관한 정보나 정상적인 소화 작용, 소화에 문제가 생겼을 때 대처 방법은 필자가 쓴 《프랙티컬 팔레오(Practical Paleo)》를 읽어보기 바란다.

Q 가지속에 해당되는 채소를 특별히 피해야 하는 사람이 있나요?

가지속 채소에는 알칼로이드 성분이 함유되어 있어서 관절통과 염증이 있는 사람에게는 자극이 될 수 있다. 토마토, 감자, 고추(피망과 일반 고추), 가지와 같은 채소가 가장 많이 이용되는 가지속 채소에 해당된다. 후추와 고구마는 해당되지 않는다. 가공식품 중에 성분이 "향신료"라고만 되어 있고 구체적인 종류가 나와 있지 않은 경우, 파프리카가 포함되어 있을 가능성이 크므로 주의해야 한다. 파프리카는 고추에서 유래한 채소이므로 가지속 채소에 민감한 반응을 보이는 사람들은 피해야 한다. 그만큼 많이 이용되지는 않지만 가지속 채소에 포함되는 종류로는 토마틸로, 구기자, 케이프 구스베리(일반 구스베리는 포함되지 않음), 꽈리 열매(빙 체리 (Bing cerries)나 레이니어 체리(Rainier cherries)는 포함되지 않음), 월귤나무 열매(블루베리는 제외), 아쉬와간다(허브의 일종), 담배가 포함된다. 평소 관절통이나 염증, 관절염, 관절에서 마찰음이 발생하는 등 관절과 관련된 문제가 있는 사람은 설탕 디톡스 21일 프로그램을 실시하는 동안 가지속 채소는 먹지 않는 것이 좋다. 이 책에서 소개한 레시피의 재료 중에 가지속 채소가 포함된 경우, 문제를 일으킬 수 있으므로 재료 목록에 따로 표시를 해두었다. 또 가지속 채소가 없어도 만들 수 있는 요리인 경우 빼도 되는 재료를 밝혀두었다. 예를 들어 "가지속 채소 없이 만들려면? 파프리카는 빼고 만들자"와 같은 설명이 나와 있다. 가지속 채소에 몸이 민감하게 반응한다는 생각이 들면, 자연요법 전문가나 카이로프랙틱 전문가 등을 찾아가서 대변검사를 통해 소화가 안 되는 근본 원인을 찾아볼 것을 권한다.

신체

Q 설탕 디톡스 21일 프로그램으로 체중을 줄일 수 있나요?

디톡스 프로그램을 진행하는 동안은 체중 측정은 하지 않는 것이 좋다. 시작하기 전에 한 번 재고 프로그램 도중에는 측정하지 말자. 그리고 21일이 지나고 다시 재면 된다. 체중보다는 신체 에너지와 기분, 옷을 입었을 때 맵시가 어떻게 달라지는가가 건강을 나타내는 지표로 훨씬 더 정확하다. 설탕 디톡스 21일 프로그램을 완료하고 체중이 줄었다고 밝힌 참가자들이 많지만, 체중 감량은 본 프로그램의 주된 목표가 아니며 다른 사람들이 그랬다고 해서 똑같은 결과가 나온다는 보장은 없다.

Q 소화에 변화가 생긴 것 같은데, 원래 이런가요? 증상을 약화시키는 방법은 없나요?

설탕 디톡스 21일 프로그램을 진행하는 동안 변비가 생긴 경우, 생 사우어 크라우트(슈퍼마켓 냉장 코너에서 판매된다. 추천 브랜드는 236쪽을 참고하기 바란다.)나 곰부차(하루 최대 8온스까지) 같은 발효식품이나 발효된 절임식품을 추가로 섭취할 것을 강력히 권한다. 변비가 생기면 수용성 섬유질을 평소보다 많이 먹는 것이 중요하다. 당근, 파스닙, 버터넛 호박과 같은 식품에 그러한 수용성 섬유질이 함유되어 있다. 디톡스 프로그램에서 섭취열량을 조정한 경우 고구마도 괜찮은 해결책이 될 수 있다.

반대로 디톡스 기간 동안 변이 묽어지거나 평소보다 배변 횟수가 늘어난 경우, 뼈를 고아낸 육수(224쪽 레시피 참고)나 50쪽에서 설명한 L-글루타민을 보충 섭취하면 도움이 된다. 소화기관이 민감해져서 평소보다 기능이 빨라진 것 같을 때는 케일, 콜라드와 같은 잎채소와 견과류, 씨앗류는 피하는 것이 좋다.

설탕 디톡스 21일 프로그램이 끝난 이후에도 건강한 생활 방식을 지켜나가려면 사탕은 먹지 말라고 권하고 싶다. 대신 망고나 파인애플 같은 과일을 생으로, 또는 말린 제품으로 먹어라. 속에 '설탕 괴물'이 떡하니 버티고 있어서 도저히 제어가 안 되고 달달한 간식을 꼭 먹어야 한다면, 그와 같은 식품이 사탕보다 훨씬 나은 선택이 될 것이다.

소화 관련 문제에 관한 보다 상세한 도움말은 설탕 디톡스 웹사이트(balancedbites.com/21DSD)를 방문하여 설탕 디톡스 21일 프로그램에 관한 자료를 찾아보기 바란다.

식이보충제

Q 설탕 디톡스 21일 프로그램을 성공적으로 마치려면 48~52쪽에 나온 식이보충제를 반드시 먹어야 하나요?

절대 그렇지 않다! 해당 페이지의 식이보충제 정보는 필자의 판단으로 도움이 되리라 생각한 부분과 지난 몇 년간 수천 명의 참가자들이 제시한 의견을 바탕으로 추가적인 도움이 필요한 사람들을 위해 마련한 것이다. 디톡스 프로그램을 진행하다가 언제든 원할 때 먹어봐도 좋고, 전혀 신경 쓰지 않아도 된다.

Q 식이보충제를 먹어보려고 하는데, 추천하는 제품이 있나요?

설탕 디톡스 웹 사이트(balancedbites.com/21DSD)를 방문하면 추천 제품을 확인할 수 있다.

도움

Q 설탕 디톡스를 혼자서는 도저히 못 할 것 같아요! 설탕 먹는 습관을 버리려고 애쓰는 다른 사람들과 힘을 모으는 방법이 없을까요?

이 프로그램의 장점 중 하나는, 뜻을 함께하는 사람들이 엄청나게 많고 날마다 늘어나고 있

"적당히 먹으면 괜찮다"라든가 "자제력으로 충분히 해낼 수 있다"는 건 다 말이 안 되는 소리일까?

뒤에서 보게 되겠지만, 이 책에는 간식 만드는 레시피도 나와 있다. "습관을 바꿔야 한다면서 간식을 먹으라는 건 그 모든 노력과 안 맞는 것 아닌가?" 여러분은 이런 생각을 하며 의아해할 수도 있다. 하지만 나는 사람에 따라 약간의 맛 있는 음식이 디톡스 프로그램을 수월하게 이어갈 수 있도록 해준다는 사실을 알게 되었다. 많이 먹으면 분명히 문제 가 될 수 있는 음식을 소량, 또는 적당량 먹어도 되는지 안 되는지는 내가 답을 할 수 없는 문제다. 달달한 음식을 아 주 조금 맛만 봤는데 내면의 설탕 괴물이 화르르 깨어나서 집 구석구석을 다 뒤지며 달콤한 것을 찾고, 찾아낸 걸 다 먹어 치울 때까지 진정이 안 되는 사태가 벌어질 수도 있다. 반대로 몸에 좋은 달콤한 간식을 조금 먹으면 단 음식에 대한 식욕이 가라앉아서 하루 내내 그대로 이어갈 수 있는 경우도 있다. 설탕 디톡스 21일 프로그램을 실천하면서 설 탕을 과도하게 먹지 않으려는 노력이 성공을 거두려면, 자기 자신의 습관과 행동 패턴을 잘 파악하는 것이 중요하다. 이는 21일이 끝난 이후의 생활에서 더욱 중요한 역할을 한다.

과연 적당히 먹을 수 있는지, 자제력이 어느 정도인지 직접 확인해볼 수 있는 간단한 질문을 준비했다.

1. 먹으면 안 된다고 생각되는 음식을 딱 한입, 또는 1인분만 먹는 것이 불가능한가?
2. 예전에 습관처럼 먹던 간식을 건강에 이로운 간 식으로 대체하는 방법을 끊임없이 찾고 있는가?
3. 집이나 사무실에서 눈에 보이는 곳에 간식이 놓 여 있으면 참지 못하고 먹어야만 하는가?
4. 스스로를 의지력이 없다고 생각하는가?

위의 질문에 하나라도 '그렇다'라고 답했다면 설탕 디톡스 21일 프로그램에 맞는 간식을 활용하는 방법은 시도하지 않 는 것이 좋다. 설탕이 들어 있는 간식을 먹으면 자제력을 잃고 마는지, 아니면 그저 간식을 먹고 싶다는 생각만 할 뿐 인지는 간단한 자가 실험으로 확인할 수 있다. 이 책에 나와 있는 레시피 중에서 간식으로 여겨지는 것을 일단 만들 고, 자신이 어떤 행동을 하게 되는지 지켜보면 된다. 1회 분량만 먹고 나머지는 다른 날 먹거나 다른 사람이 먹을 수 있게 남겨둘 수 있다면 성공이다! 그러나 도저히 자제하지 못한다면, 음식에 정서적인 애착을 갖고 위안을 얻으려 하 는 이유부터 파악해볼 필요가 있다.

다는 점이다! 설탕 디톡스 21일 프로그램의 페이스북(facebook.com/21daysugardetox)과 이 프로그램에 대해 의견을 나누는 온라인 공간(balancedbites.com/forums)에는 이미 수만 명에 달하는 과거 참가자들과 현재 참가 중인 사람들을 만날 수 있다. 설탕 디톡스 프로그램은 여 러분 혼자만 참여하는 것이 아니다. 매일 새로운 사람들이 시작하고 있다. 같은 날 디톡스를 함께 시작할 사람들을 찾고 있다면, 매달 첫 번째 월요일마다 단체로 디톡스를 시작하는 사람 들이 있으니 그때 하면 된다. 또 설탕 디톡스 웹 사이트에서 무료 이메일 서비스인 '데일리 디톡스(Daily Detox)'를 신청하면 이전 참가자들의 이야기가 담긴 비디오 자료를 받아볼 수 있고, 직접 다른 사람들을 도와줄 수도 있다.

 설탕이 제 몸에 어떤 영향을 주는지 더 자세히 알고 싶어요. 추천하는 책이나 자료가 있나요?

- 필자의 첫 번째 저서인 《프랙티컬 팔레오(Practical Paleo)》
- 마이클 R. 이디스(Michael R. Eades) 박사와 메리 댄 이디스(Mary Dan Eades) 박사가 쓴 《프로틴 파워 라이프 플랜(Protein Power Life Plan)》
- 조셉 머콜라 박사가 쓴 《달콤한 속임수(Sweet Deception)》
- 제이슨 칼튼(Jayson Calton) 박사와 미라 칼튼(Mira Calton)이 쓴 《네이키드 칼로리(Naked Calories)》
- 윌리엄 더프티(William Dufty)가 쓴 《슈거 블루스(Sugar Blues)》
- 제프 오코넬(Jeff O'Connell)의 《슈거 네이션(Sugar Nation)》
- 마크 하이먼(Mark Hyman) 박사가 쓴 《혈당 솔루션(The Blood Sugar Solution)》

 설탕 디톡스 21일 프로그램이 모두 끝나면 무엇을 해야 하나요?

22일째 되는 날, 여러분은 지난 3주 동안 먹지 않은 음식과 갑자기 잘 먹게 된 음식을 떠올리며 기뻐하게 될 것이다. 하지만 거기서 멈추면 안 된다! 과일주스를 벌컥벌컥 들이키거나 사탕, 쿠키, 피자를 허겁지겁 입에 넣기 전에, 잠깐 진정하고 아래 질문에 대해 생각해보기 바란다.

- 설탕 디톡스 21일 프로그램을 실천하기 전의 식생활을 떠올려보자. 몸에 해로운 탄수화물과 첨가당, 그리고 자꾸 더 먹게 만드는 습관으로 유도하는 식품들이 얼마나 많이 포함되어 있었는지 실감이 나는가?
- 설탕이나 몸에 해로운 탄수화물의 섭취량을 줄이고 나니 어떤 기분이 드는가?
- 수면에는 어떤 변화가 있었나? 소화 기능은?
- 설탕이나 탄수화물이 듬뿍 들어 있는 음식을 먹으면 기분이 더 좋아질까, 오히려 안 좋아질까?
- 설탕과 탄수화물 밀도가 높은 음식을 먹지 않으려고 노력하면서 들인 시간과 에너지로 인해 더 스트레스가 많아졌는가? 그렇게 더해진 스트레스를 설탕이나 탄수화물을 먹지 않음으로써 식품을 선택할 때, 혹은 생활 전반에서 달라진 통제력을 비교해보자.

설탕 디톡스 21일 프로그램을 레벨 1 또는 2로 실천한 경우 식생활에 엄청난 변화가 있었을 것이다. 이전까지 빵이나 시리얼, 파스타를 먹었던 사람들도 마찬가지다. 이와 같은 경우 지난 3주간 일종의 '제한 식이요법'을 한 것이나 다름없다. 섭취를 중단했던 음식을 다시 먹는 과정은 천천히 이루어져야 하며(다시 먹기로 한 경우), 특히 밀, 유제품, 대두 등 알레르기 유발 가능성이 높은 성분은 더욱 주의해야 한다.

안 먹던 음식을 다시 먹을 때는 다음 사항에 유념해야 한다.

- 21일간의 디톡스 일정이 끝난 다음 날, 다시 먹을 식품을 한 가지만 골라보자. 대부분 가장 그리웠던 음식을 고른다!
- 선택한 음식은 디톡스를 진행하는 동안 먹었던 음식과 함께 매 끼니마다 먹는다. 문제가 되는 음식을 한 번에 한 가지만 다시 먹는 것이다.
- 다시 이틀 동안 그 음식을 먹지 않는다.
- 자신이 택한 음식을 먹고 난 후에 72시간 동안 어떤 변화가 생기는지 잘 살펴보자. 기분 변화, 신체 에너지, 식욕, 소화 기능(복부 팽만감, 가스가 차는 증상, 변이 묽어지는 증상, 설사 등), 두통, 염증, 또렷하게 사고할 수 있는 기능 등을 중심으로 평가하여 기록하자.
- 완성된 기록은 다시 먹기 시작한 음식에 몸이 어느 정도로 민감하게 반응하는지 파악할 수 있는 가장 정확한 지침이다. 식품에 대한 민감 반응은 먹은 직후에 나타날 수도 있지만 최대 72시간(무려 3일!)이 지난 후에 나타날 수도 있다.
- 밀, 보리, 호밀, 스펠트 밀 등 글루텐이 함유된 곡류나 저온살균 처리된 유제품, 발효되지 않은 대두 제품은 일상적인 식사의 일부로 포함시키지 않는 것이 좋다. 이와 같은 식품들은 수많은 건강 문제를 일으키는 것으로 밝혀졌으며, 채소나 올바른 방식으로 사육된 동물에서 얻은 고기와 달걀, 자연적으로 형성되어 몸에 좋은 지방 등 건강에 좋은 식품이 들어설 자리를 없애버릴 수 있다.

다음으로 생각해볼 사항은 평소에 단맛이 가미된 식품이나 탄수화물 함량이 높은 식품을 얼마나 자주 먹었었나, 하는 것이다. 그리고 그와 같은 식품을 다시 먹되, 끼니마다 먹는 대신 하루 한 번 정도 먹는 것으로 줄이는 방법을 고민해보자. 예를 들어 과일은 디저트나 간식으로 즐기기에 좋은 식품이지만 설탕 디톡스 21일 프로그램에는 과일이 거의 포함되지 않는다. 또 과거에 달달한 음식이나 탄수화물이 듬뿍 들어 있는 식품을 보상 차원에서, 위안을 얻으려고, 혹은 그저 습관처럼 먹었던 건 아닌지 생각해보자. 그리고 그러한 음식을 다시 먹으면 기분이 정말 최고로 좋아지는지, 자신이 정한 목표를 달성하는 데 도움이 되는지 스스로에게 물어보자. 설탕 디톡스 21일 프로그램에 참여한 많은 사람들이 체중이 줄어드는 효과를 얻는데, 체중 감량은 이 프로그램의 주된 목표가 아니다. 자신의 일차적인 목표가 체중을 줄이는 것이 아닌, 몸에 해로운 습관에서 벗어나고 강렬한 식욕을 물리치는 것이라면, 단 음식을 다시 먹었을 때 그러한 문제가 얼마나 촉발될 수 있는지, 먹으면 또 더 먹게 되는 악순환이 시작될 가능성이 얼마나 높은지 생각해보자. 그리고 매일 일상적으로 먹을 음식으로 무엇을 택해야 할지 의식적으로 마음을 가다듬고 생각해보기 바란다.

자연적으로 생성된 당분(과일 등)과 전분을 식생활에 다시 포함시킬 때는 서서히, 안전한 방식으로 시작해야 하며 이를 위해서는 한 번에 먹는 양과 섭취하는 시점을 생각해야 한다. 혈당 조절에 문제가 있거나 식욕이 강한 편이라면 과일은 절대로 단독으로 먹으면 안 된다. 신체 활동량이 별로 많지 않은 사람은 베리류를 소량 먹거나 과일을 반 개 정도 먹고, 활동량이 많은 사람은 그보다 많이 먹으면 된다.

전분식품은 활동량이 많은 날 먹는 것이 가장 좋고 몸을 많이 움직인 다음에 먹는 식사에 포함시키는 편이 낫다. 또는 전분식품의 섭취량을 최소로 줄이자. 체중을 유지하는 것이 목표인 사람은 전분식품이 식탁 대부분을 차지하지 않도록 해야 한다. 강한 식욕이 깨어나지 않는 것이 목표이고 전분식품을 먹었을 때 몸에 별 이상이 느껴지지 않는다면, 뿌리채소나 고구마, 호박 같은 덩이줄기 채소를 자주 먹으면 된다. 그리고 빵과 파스타, 시리얼 등 밀가루로 만들어져 포장된 상태로 판매되는 정제식품은 결코 건강에 도움이 되지 않으므로 계속해서 피해야 한다. 정리해보면, 일단 설탕 디톡스 21일 프로그램을 마친 후에는 설탕을 마구잡이로 먹지 않는 편이 좋다.

앞서 내가 직접 겪은 일을 떠올려보라. 설탕을 안 먹는 식생활을 제법 오랫동안 지속한 이후에(즉 혈당이 이미 낮은 상태로 유지되고 있었다는 뜻이다) 배가 고픈 어느 날 사탕을 먹었더니, 혈당이 과도한 수준으로 갑자기 치솟아서 나는 거의 정신을 잃을 뻔했다. 나는 그 일 이후 다시는 그런 일을 겪지 않으리라 다짐했다. 여러분이 디톡스 이후에 일상적으로 먹을 음식과 생활방식을 정할 때, 내가 저지른 실수와 위에서 이야기한 정보에서 무언가를 깨닫기를 바란다.

일일 실천 기록

설탕 디톡스 21일 프로그램의 과정을 꼼꼼히 기록하는 방법

어떤 음식을 먹었는지 상세히 적고, 먹은 양을 대략적인 개수 또는 분량으로 함께 기록하자. 예를 들어 "닭고기와 발사믹 드레싱이 포함된 샐러드"라고 쓰지 말고 "닭 가슴살 170그램, 혼합 채소 두 컵, 아보카도 반 개, 잘게 썬 당근 1/4컵 , 오이 1/4컵 , 방울토마토 1/4컵 , 에부 플러스(EVOO+) 브랜드 발사믹 식초 2스푼"이라고 기록하자.

본 프로그램에 참가하는 사람들 중에는 정해진 양보다 적게 먹는 사람들이 많으므로, 대략적인 추정치라도 먹은 양을 기록하는 것이 시간이 갈수록 도움이 된다. 이렇게 디톡스 일지를 쓰면 어떤 부분을 개선해야 하는지 알 수 있고, 누군가에게 도움을 청할 때 자신의 상태를 쉽게 알려줄 수 있다. 아래는 디톡스 일지의 예시이다.

15 일차

수면 시간과 수면의 질
잠자리에 든 시각 __11:30 PM__
일어난 시각 __7:40 AM__

○ 매우 좋음　　○ 적당한 수준
✖ 좋음　　○ 나쁨

운동
시작한 시각 __6:00 PM__
종류 __크로스핏 한 시간__

기분, 신체 에너지
✖ 매우 좋음　　○ 적당한 수준
○ 좋음　　○ 나쁨

먹은 음식

아침 식사 __달걀 2개, 아보카도 반 개, 시금치__

간식(선택사항) __아몬드 1/4컵 , 설탕 디톡스 레시피로 만든 쇠고기 육포 약 55 그램__

점심 식사 __설탕 디톡스 레시피로 만든 브로콜리 곁들인 쇠고기 - 1인분__

저녁 식사 __닭 가슴살 170그램, 혼합 채소 두 컵, 아보카도 반 개, 잘게 썬 당근 1/4컵 , 오이 1/4컵 , 방울토마토 1/4컵 , 설탕 디톡스 레시피 대로 만든 비네그레트 드레싱 2스푼분__

비고 __오늘 대체로 기운이 많이 나서 하루를 힘차게 보낼 수 있다는 기분이 들었다. 육포를 직접 만들어서 뿌듯하다!__

다음 쪽에 일지를 기록할 수 있는 양식을 제시했다. 여러 장 인쇄해서 사용하거나, 설탕 디톡스 웹 사이트(balancedbites.com/21DSD)에서 PDF 파일로 다운로드 받아서 사용하면 된다.

일차

수면 시간과 수면의 질
잠자리에 든 시각 _________________
일어난 시각 _________________
○ 매우 좋음   ○ 적당한 수준
○ 좋음   ○ 나쁨

운동
시작한 시각 _________________
종류 _________________

기분, 신체 에너지
○ 매우 좋음   ○ 적당한 수준
○ 좋음   ○ 나쁨

먹은 음식
아침 식사 _________________
____
____
____

간식(선택사항)_________________
____
____
____

점심 식사 _________________
____
____
____

저녁 식사 _________________
____
____
____

비고 _________________

일차

수면 시간과 수면의 질
잠자리에 든 시각 _________________
일어난 시각 _________________
○ 매우 좋음   ○ 적당한 수준
○ 좋음   ○ 나쁨

운동
시작한 시각 _________________
종류 _________________

기분, 신체 에너지
○ 매우 좋음   ○ 적당한 수준
○ 좋음   ○ 나쁨

먹은 음식
아침 식사 _________________
____
____
____

간식(선택사항)_________________
____
____
____

점심 식사 _________________
____
____
____

저녁 식사 _________________
____
____
____

비고 _________________

일차

수면 시간과 수면의 질
잠자리에 든 시각 _________________
일어난 시각 _________________
○ 매우 좋음   ○ 적당한 수준
○ 좋음   ○ 나쁨

운동
시작한 시각 _________________
종류 _________________

기분, 신체 에너지
○ 매우 좋음   ○ 적당한 수준
○ 좋음   ○ 나쁨

먹은 음식
아침 식사 _________________
____
____
____

간식(선택사항)_________________
____
____
____

점심 식사 _________________
____
____
____

저녁 식사 _________________
____
____
____

비고 _________________

대체 식품

설탕 디톡스 21일 프로그램을 실천하는 동안 평소 즐겨 먹던 음식을
무엇으로 대체할지 미리 생각해두자.

대체해야 할 식품	대신 먹을 식품
 간장, 밀이 함유되지 않은 타마리 소스	코코넛 아미노스
우유, 염소유, 양유 (디톡스 레벨 3에 해당)	코코넛 밀크, 아몬드 밀크(225쪽 참고)
뜨겁게 먹거나 차갑게 먹는 아침 식사용 시리얼/ 귀리 제품	잘게 썬 각종 견과류, 코코넛, 코코넛 밀크를 곁들인 설탕 디톡스에 포함된 과일
곡류가 주성분인 그래놀라 (가공식품)	곡류 없는 바놀라(212쪽 참고) 
아침 식사용 그래놀라 바	삶은 완숙계란 또는 싸들고 다닐 수 있는 키시 파이(116쪽 참고)
단백질 바, 간식용 바	육포(196쪽 참고), 견과류 한 줌 또는 개별 포장된 견과류 버터 1회 섭취량
곡물가루로 만든 팬케이크	호박 팬케이크(110쪽 참고), 아몬드 가루로 만든 팬케이크 
단맛이 가미된 스무디	설탕 디톡스 스무디(104쪽 참고)
곡물가루로 만든 파스타	국수호박 볼로네즈(134쪽, 189쪽 참고), 호박 국수(160쪽, 188쪽 참고), 오이 국수(182쪽 참고)
곡물가루로 만든 비스킷, 식사용 빵	향긋한 허브가 가미된 비스킷(200쪽 참고)
곡물가루로 만든 크래커	허브 크래커(195쪽 참고) 또는 얇게 썬 생 채소
곡물가루로 만들고 단맛이 가미된 쿠키, 도넛	담백한 시나몬 쿠키(207쪽 참고), 애플 시나몬 도넛(211쪽 참고)
쌀밥	고수 컬리플라워 밥(184쪽 참고)

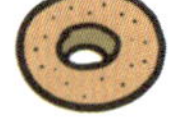

pinterest.com/21daysugardetox
설탕 디톡스 21일 프로그램 핀터레스트 게시판에는 셀 수 없이 많은 식사와 간식 아이디어가 가득하다. 꼭 들러서 확인해보기 바란다!

교묘히 이름만 바뀐 설탕

아래에 나온 설탕과 감미료는 설탕 디톡스 21일 프로그램의 섭취 식품에서 모두 제외된다.

천연 감미료 *

갈색설탕	대추설탕	메이플시럽
사탕수수즙	대추시럽	당밀
사탕수수즙(결정형)	대추	종려당
사탕수수설탕	과일주스	원당
코코넛 넥타	과일주스 농축액	스테비아(잎, 추출물)
코코넛 설탕(결정형)	꿀	중백당

* 천연 감미료는 21일간의 디톡스가 끝난 후 극히 제한된 양을 지켜서 사용할 수 있다.

천연 재료에서 얻은 감미료

아가베	에틸 말톨	엿당
아가베 넥타	과당	만니톨
보리 엿기름	포도당(glucose)/포도당 고형	머스코바도(흑설탕)
비트설탕		정제시럽
현미시럽	골든슈거	소르비톨
버터가 함유된 시럽	골든시럽	사탕수수시럽
캐럽시럽	포도당(grape sugar)	수크로스(자당)
옥수수시럽	고과당 옥수수시럽	타가토스(Tagatose 또는 Tagatesse, Nutrilatose)
옥수수시럽 고형	젖당	
데메라라슈거	레불로오스	당밀
덱스트란	옅은 갈색설탕	황색 설탕
덱스트로스	말티톨	자일리톨(명칭이 "~올"로 끝나는 그 외 당알코올)
당화용 엿기름	몰트시럽	
당화효소	말토덱스트린	

인공 감미료

아세설팜 K/아세설팜칼륨(상품명: 스위트 원(Sweet One), 선넷(Sunett))

아스파탐(상품명: 이퀄(Equal), 누트라스위트(NutraSweet))

사카린(상품명: 스윗앤로우(Sweet'N Low))

스테비아, 백색/표백 제품(상품명: 트루비아(Truvia), 선 크리스탈(Sun Crystals))

수크랄로스(상품명: 스플렌다(Splenda))

어떻게 만들어졌나?

감미료는 많이 정제된 것일수록 건강에 나쁘다. 예를 들어 고과당 옥수수시럽과 인공 감미료는 최신 기술을 이용하여 공장에서 만들어진다. 수백 년 전부터 사용된 꿀이나 메이플시럽, 스테비아 잎(잎을 말려서 분말로 만든 것)은 그보다 훨씬 덜 가공된 것이다. 특히 꿀은 가공 과정이 거의 필요 없다. 이러한 이유에서, 나는 가까운 지역에서 생산된 유기농 생꿀을 21일간의 디톡스 이후에 이용할 만한 가장 좋은 천연 감미료로 추천한다.

어디에 사용되나?

현실적으로 꼭 확인해봐야 할 사항이다. 포장이 다 되어 있는 가공식품의 성분을 읽어보면 대부분 정제가 많이 된 저품질 감미료가 함유되어 있다는 사실을 분명하게 알 수 있다. 심지어 식품 제조업체들은 설탕을 사용하고도 소비자가 전혀 달다고 느끼지 못하게 할 방법을 찾는다! 또한 저지방, 무지방 식품도 감미료나 인공 감미료를 첨가한 경우가 많으므로 잘 따져보고 그러한 식품은 먹지 말아야 한다!

몸에서 어떻게 소화되나?

고과당 옥수수시럽이 들어간 가공식품이 몸에 얼마나 악영향을 주는지를 제대로 알 수 있는 대목이다. 당분이라고 해서 체내에서 다 똑같은 방식으로 대사가 이루어지지는 않는다. 흥미로운 사실은, 고과당 옥수수시럽과 아가베 넥타와 같은 감미료가 상당히 오랜 기간 동안 당뇨병 환자에게 더 나은 선택으로 여겨졌다는 것이다. 두 감미료는 과당 함량이 높아서 혈류에 당분이 도달하기 전에 간에서 처리되는 과정을 거쳐야 한다는 이유 때문이었다. 언뜻 보기에는 혈당수치 측면에서 더 나은 것처럼 보이지만, 과당의 개별적인 대사 과정이 매우 복잡한 과정을 거쳐 이루어지며, 이는 간에 지나친 부담을 주므로 건강에 매우 해롭다는 사실이 이제는 널리 알려졌다. 과당은 모든 과일에 가장 많이 함유된 당분이다. 과일을 통째로 섭취하면 미세영양소와 섬유질이 소화는 물론 과일에 함유된 당분이 적절히 흡수되도록 돕는다. 한마디로 자연식품이 더 낫다는 뜻이다!

외식 가이드

메뉴판에서 건강에 이로운 메뉴를 선택하는 요령

미국 음식

피해야 할 메뉴: 튀긴 음식, 빵 종류, 샌드위치나 랩샌드위치 종류, 미리 배합해둔 드레싱

즐겨도 되는 메뉴: 빵 없는 버거나 상추로 돌돌 만 버거, 레몬이나 식초, 올리브유가 사용된 샐러드

중국 음식

피해야 할 메뉴: 음식점 주인과 잘 아는 사이라서 MSG를 넣지 말고 소스는 설탕이 들어가지 않은 것만 사용해달라고 부탁할 수 있는 경우가 아니라면, 중국 음식은 먹지 않는 것이 좋다. 대부분의 소스에 감미료가 숨겨져 있다.

인도 음식

피해야 할 메뉴: 난과 쌀밥은 생략하자. 소스와 복합 향신료에 밀가루나 글루텐이 들어 있는지 문의하자.

즐겨도 되는 메뉴: 소스에 담그지 않고 구운 육류와 채소. 탄두리 요리법으로 익힌 육류는 보통 요거트에 절여두는 경우가 많으므로 디톡스 레벨 1과 2는 상관없지만 레벨 3에서는 피해야 한다.

이탈리아 음식과 피자

피해야 할 메뉴: 빵, 파스타, 튀김옷을 입힌 육류. 소스와 재료에도 무엇이 들어갔는지 문의하자(미트볼에도 빵가루가 들어간 경우가 많다). 또한 밖에서 사 먹는 피자는 건강하게 먹을 수 있는 방법이 없다고 보면 된다.

즐겨도 되는 메뉴: 구운 닭고기와 생선, 새우 등 단백질 식품에 토마토소스와 채소, 샐러드를 곁들인 메뉴. 피자를 꼭 먹고 싶으면 집에서 '고기 피자'를 만들어서 먹거나(138쪽 참고) 디톡스 레벨 1, 2인 경우 컬리플라워로 도우를 만든 피자를 만들면 된다. 아몬드 가루로 도우를 만든 피자 역시 레벨과 상관없이 즐길 수 있다.

일본 음식

피해야 할 메뉴: 쌀밥(흰쌀, 현미)에 식초로 맛을 내는 것까지는 괜찮지만 설탕이 들어간 경우가 많으니 그런 밥이 포함된 메뉴는 피해야 한다. 튀긴 음식, 튀김옷을 입힌 음식, 게맛살은 피해야 하며 일식 소스도 대부분 부적절하다.

즐겨도 되는 메뉴: 회나 구운 생선을 먹자. 단, 어떤 소스가 사용되는지 물어보고 간장은 피하자.

멕시코 음식

피해야 할 메뉴: 또띠야와 칩(옥수수로 만든 것, 밀가루로 만든 것 모두), 콩, 쌀이 들어간 요리 (디톡스 레벨 1, 2는 지침에 따라 양을 제한하여 먹는다). 채식주의자인 경우 콩을 약간 먹어도 되지만 쌀밥은 되도록 적게 먹자.

즐겨도 되는 메뉴: 고기, 살사, 과카몰리. 샐러드나 채소를 곁들여달라고 부탁하자. 과카몰리를 먹을 때는 생 셀러리나 당근을 추가해서 찍어 먹으면 된다. 주 요리에도 사이드 메뉴는 채소로 정하자.

태국 음식

피해야 할 메뉴: 땅콩이 들어간 소스, 국수나 디저트도 피해야 한다.

즐겨도 되는 메뉴: 커리, 쌀밥 없이 코코넛 밀크가 들어간 요리.

설탕 디톡스 21일 프로그램과 잘 맞는 현명한 외식 요령

밖에서 밥을 먹는 날은 미리 대비를 해서 절대 배가 고픈 상태로 약속장소에 도착하지 않아야 한다. 집을 나서기 전에 견과류나 견과류 버터를 조금 먹거나, 아보카도, 먹고 남겨둔 고기를 조금 먹어두는 것이 좋다.

출발하기 전에 온라인으로 음식점 메뉴를 미리 확인하자.

옐프 닷컴(YELP.COM)이나 트립어드바이저 (TRIPADVISOR.COM)와 같은 사이트를 통해 음식점 이용자들이 남긴 후기를 읽어보자(특히 여행 중일 때 유용하다).

식전 빵은 사양하자. 아예 받지 말아야 먹고 싶은 유혹을 뿌리칠 수 있다! 대신 얇게 썬 채소나 올리브를 달라고 요청하자.

전채요리는 건너뛰거나 샐러드를 선택하자.

주 요리에 관한 고민은 쉽게 해결할 수 있다. 손으로 집어먹을 수 있는 메뉴는 튀김옷이 입혀져 있거나 튀겨서 만드는 등 탄수화물 함량이 높은 편이다. 그러나 단순한 재료로 만든 요리도 많다.

직화나 오븐에서 구운 메뉴를 선택하자. 이런 요리는 보통 빵가루를 입히지 않으므로 디톡스 측면에서는 안전하다. 그러나 음식점 직원에게 구체적으로 어떻게 조리되는지 물어보는 것이 좋다. 다들 손님들의 질문에 익숙한 사람들이니 주저 말고 문의하자! 예의바르게 묻되, 알아야 할 부분은 정확하게 물어보자.

필요한 부분은 바꿔서 먹자. 감자튀김이나 빵, 파스타가 곁들여져 나오는 메뉴는 그 부분을 빼달라고 하거나 채소로 바꿔줄 수 있는지 문의하자.

파티에서

파티를 주최한 사람에게 어떤 음식을 준비했는지 물어보면 미리 대비할 수 있다. 마음 놓고 먹을 수 있고 허기를 충분히 달랠 수 있는 음식을 한두 가지 직접 준비해가는 것도 방법이다. 파티를 연 사람도 준비에 도움이 되니 반길 것이고, 혹시라도 파티에서 여러분이 현재 먹지 않는 음식만 제공되는 경우 밤새도록 허기진 배를 안고 견디지 않아도 되니 여러분에게도 좋은 일이다.

지방과 오일

건강해지려면 식생활에서 올바른 종류의 지방과 오일을
골라서 섭취해야 한다.

먹어도 되는 지방과 오일 

포화지방 : 안심하고 가열해도 되는 지방

식물성 지방 정제과정을 거치지 않은 유기농 제품이 가장 좋다.

· 코코넛 오일
· 지속 가능한 재료에서 얻은 팜유

동물성 지방 방목되어 직접 풀을 뜯거나 공급된 목초를 먹고 자란 동물에서 얻은
유기농 제품이 가장 좋다.

· 버터, 기(ghee: 액상 버터기름의 일종.
남아시아 요리에 많이 쓰인다 – 역주) /
버터기름
· 쉬말츠(Schmaltz: 닭에서 분리해낸 액상
기름)

· 오리 기름
· 수지(동물에서 얻은 고체 기름 – 역주)
· 양에서 채취한 지방
· 라드

불포화지방 : 가열하지 않고 쓰기에 적합한 지방

엑스트라 버진. 냉압착 방식으로 생산된 유기농 제품이 가장 좋다.

· 아보카도 오일
· 견과류와 씨앗류(견과류 버터, 씨앗 버터
포함)
· 견과류 오일(호두, 피칸, 마카다미아)

· 아마씨유(다중불포화지방산 함량이 높아서
극히 제한된 양만 섭취해야 한다.)
· 올리브유
· 참기름

참고사항: '오일'로 자주 불리는 위와 같은 불포화지방은 상온에서 액체 상태이며 열이
가해지면 쉽게 손상(산화)된다. 손상된 지방을 먹고 싶지 않다면 이러한 지방은 익혀서 먹지
않는 것이 좋다.

갖다 버려야 할 지방과 오일 

포화지방 : 인공 지방은 몸에 좋을 수가 없다. 특히 트랜스지방은 매우 유해하다.

"버터와 비슷하게 생긴 스프레드"는 피해야 한다. 어스 밸런스(Earth Balance), 베네콜
(Benecol), 아이 캔트 빌리브 이츠 낫 버터(I Can't Believe It's Not Butter) 등 오일이
혼합된 스프레드 제품들이 그러한 종류에 포함된다.

· 가수분해 오일 또는 부분 가수분해 오일
· 마가린

불포화지방 : 아래와 같은 오일은 고도로 정제되어 생산되며, 빛, 공기, 열에
노출되면 쉽게 산화된다. 산화된 지방은 건강에 무조건 해롭다.

· 카놀라유(유채씨 유)
· 홍화유
· 옥수수유
· 콩기름
· 포도씨유

· 해바라기유
· 쌀겨 기름
· 식물유

필자가 쓴 《프랙티컬 팔레오(Practical Paleo)》에 지방과 오일에 함유된 지방산에 관한 보다
상세한 정보가 나와 있다.

요리할 때 지방이나 오일 선택하는 법

가장 안정적인 종류부터 순서대로 나열해
보았다.

아래 분류는 지방과 오일을 다음의 기준에 따라
순위를 매긴 것이다.

1. 만들어진 방법 – 자연적으로 만들어진 성분,
   가공이 최소로 이루어진 종류를 택해야 한다.

2. 지방산의 조성 – 포화지방의 함량이 높을수록
   안정적이다. 즉 손상되거나 산화될 가능성이 낮다.

3. 발연점 – 지방이 손상되지 않는 범위에서 가열할
   수 있는 온도를 의미한다. 지방산의 특성을
   평가할 때 이 부분은 부가적인 요소로 고려한다.

안정성 우수 – 요리에 적합한 지방

코코넛 오일
버터/기(GHEE)
코코아 버터
수지/슈에트(쇠기름)
지속 가능한 재료에서 얻은 팜유
라드/베이컨 기름(돼지 지방)
오리 기름

안정성 보통 – 실온에서 사용하기에 적절한 지방

아보카도 오일*
마카다미아 넛 오일*
올리브유*
쌀겨 기름*

안정성 떨어짐 – 먹지 않는 것이 좋은 지방

홍화유**
참기름**
카놀라유**
해바라기유**
포도씨유**

식물성 쇼트닝**
옥수수유**
콩기름**
호두유*

* 냉압착된 견과류 오일이나 씨앗 오일은 익히는
요리에는 권하지 않지만 냉장 보관해두었다가
요리를 마무리할 때. 또는 가열이 끝난 뒤에
풍미를 더하는 용도로 사용할 수 있다.

** 이 표시가 된 오일은 가열과 상관없이 먹지
말 것을 권한다. 일반적으로 널리 사용되는
종류이므로 참고할 수 있도록 이 목록에
포함시켰다.

chapter

2

디톡스 레벨과 식단

어떤 레벨을 선택할까

"설탕은 사람을 꼼짝 못하게 만든다.
그래서 나는 운동을 하기 전에 단백질을 충분히 섭취하려고 노력한다."

– 권투선수 에반더 홀리필드(Evander Holyfield)

총 세 가지 레벨로 구성된 설탕 디톡스 21일 프로그램

각각의 레벨과 변형 방법은 디톡스를 다양한 방식으로 진행할 수 있도록 마련된 것이다. 먼저 간단한 물음에 답해보고 자신에게 알맞은 레벨을 찾고, 변경해야 할 부분이 있는지 확인해보자.

자가 설문

자신과 가장 잘 맞는 답을 골라보자.

1. 설탕 디톡스 21일 프로그램을 처음 시도하나요?
   ⓐ 네.
   ⓑ 아니요, 한 번 완료한 적이 있습니다.
   ⓒ 아니요, 두 번 이상 완료한 적이 있습니다.

2. 다음 중 현재 먹는 음식을 골라보세요.
   ⓐ 통곡류나 여러 종류의 곡물 가루(밀, 테프, 스펠트 밀, 카뮤, 호밀 등)로 만든 빵, 파스타 등의 식품
   ⓑ 글루텐이 함유되지 않은 곡물 가루로 만든 빵, 파스타 등의 식품
   ⓒ 글루텐을 제외한 원시인 식단, 또는 석기 시대 식단

3. 다음 중 현재 먹는 음식을 골라보세요.
   ⓐ 무지방 유제품
   ⓑ 저지방 유제품
   ⓒ 지방이 그대로 함유된 유제품 또는 유제품은 먹지 않음

4. 설탕과 탄수화물 식품에 대한 식욕이 어느 정도라고 생각하나요?
   ⓐ 이 디톡스 프로그램을 시작하면 내가 어찌될까 겁이 날 정도로 엄청나게 강합니다.
   ⓑ 굉장히 강합니다. 그러니 이 책을 읽고 있죠!
   ⓒ 그리 심한 편은 아니지만 충분히 조절되는 상태가 아니라는 건 분명합니다.

5. 해당되는 항목을 골라보세요.
   ⓐ 나는 부분 채식주의자입니다. 해산물과 달걀, 유제품은 먹지만 고기는 먹지 않아요.
   ⓑ 현재 임신 중이거나 한 명 이상의 자녀에게 모유를 먹이고 있습니다.
   ⓒ 활동량이 매우 많습니다. 육체적으로 고된 일을 하거나, 고강도 신체운동을 하거나, 규칙적으로 운동합니다.
   ⓓ 자가 면역 질환 진단을 받은 적이 있습니다.
   ⓔ 위의 네 항목 중 어느 것도 해당사항이 없습니다.

결과

질문 1부터 4

답의 개수에 따라 알맞은 레벨은 아래와 같다.

- "a"가 가장 많으면 레벨 1
- "b"가 가장 많으면 레벨 2
- "c"가 가장 많으면 레벨 3

질문 5

질문 1부터 4까지 택한 답을 참고하여 레벨별로 디톡스 방식을 어떻게 변경할 것인지 정한다.

- "a"를 선택한 사람은 85쪽(레벨 1)과 93쪽(레벨 2)에 나온 부분 채식주의에 맞는 변형법을 참고하라.
- "b"나 "c"를 선택한 사람은 84쪽(레벨 1)과 92쪽(레벨 2), 100쪽(레벨 3)에 나온 신체 에너지 조정 방법을 참고하라.
- "d"를 선택한 사람은 101쪽에 소개된 자가 면역 질환 환자의 조정 방법을 참고하라.
- "e"를 선택한 사람은 자신에게 알맞은 레벨의 방법을 그대로 따르면 된다.

디톡스 강도 면에서는 레벨 1이 가장 약하고 레벨 3이 가장 엄격하지만, 식생활을 처음 바꾸는 사람은 레벨 1이 가장 알맞다. 그러나 어떤 레벨에 도전할 것인지 정하는 것은 전적으로 여러분의 몫이다. 처음 시도하는 사람은 레벨 1이 가장 알맞다. 그리고 다음에 다시 도전할 때는 레벨 2로, 그 다음에는 레벨 3으로 도전하면 상당히 큰 효과를 얻을 수 있고, 다양한 목표와 결과를 경험할 수 있다.

식단 변경

본 디톡스 프로그램은 부분 채식주의 여부, 신체 에너지 수준, 자가 면역 질환자 여부에 따라 참가자가 영양학적으로 충족시켜야 하는 사항을 반영할 수 있다. 그와 같은 특수한 상황에 해당되는 사람은 해독 과정에서 발생할 수 있는 증상이 더욱 심하게 나타나 고생할 가능성이 높으므로, 이 책에서 권고하는 프로그램 변경 방법을 따를 필요가 있다. 경우에 따라 변경해야 할 사항과 각 레벨의 기본적인 방법이 상충되는 경우도 있다. 예를 들어 레벨 3에서는 부분 채식주의자가 영양소 섭취를 위해 반드시 먹어야 하는 식품 중 많은 종류가 배제되므로 채식주의자를 위한 식단 변경법을 적용할 수 없다.

먹어도 되는 음식일까?

78쪽부터 디톡스 프로그램의 레벨별 설명과 먹어도 되는 식품, 먹으면 안 되는 식품 목록이 나와 있다. 그 내용대로 잘 지키려 해도 갑자기 목록에 없는 식품을 먹게 될 때도 있고 특정 식품이 프로그램 기준에 맞는지 안 맞는지 약간 헷갈리는 경우가 생긴다. 먼저 각 레벨에서 먹어도 되는 식품과 먹으면 안 되는 식품 목록을 상세히 읽고, 아래에 제시된 설탕 디톡스의 기본 원칙을 적용하면 헷갈리는 음식을 먹어도 되는지 판단하는 데 도움이 될 것이다.

- 감미료가 첨가된 음식은 허용되지 않는다. 허용 음식 목록에 나와 있는 과일을 정해진 양만큼 먹는 것이 디톡스 과정에서 단맛을 조금이나마 느낄 수 있는 유일한 기회이다. 먹으려는 식품의 포장에 적힌 성분 목록에 감미료가 포함되어 있는 식품(71쪽 '교묘히 이름만 바뀐 설탕' 참고)은 먹지 말아야 한다. 단, 베이컨은 이 규칙에서 제외되는 식품이며 그에 관한 자세한 내용은 60쪽 FAQ에 나와 있다. 또 한 가지 알아둘 사항은 디톡스 레벨 1과 2에서 먹어도 되는 식품 중 지방이 모두 함유된 유제품 등 일부 식품에 천연 당류가 함유되어 있으며 이는 괜찮다는 사실이다.

- 먹어보니 분명 단맛이 나는데 디톡스 허용 식품과 허용되지 않는 식품 목록에 없다면, 먹지 말아야 한다. 허브티의 경우 자연적으로 단맛이 나는 경우가 있으므로 허용된다. 단맛이 느껴지고 먹어도 되는지 확신이 들지 않을 때는 그냥 먹지 마라.

- 곡물 가루는 허용되지 않는다. 통곡물이나 정제된 곡물 가루(밀가루, 스펠트 밀가루, 퀴노아 가루 등)로 만든 식품은 전부 다 먹을 수 없다. 먹어도 되는 가루는 견과류나 씨앗류, 코코넛 가루와 몇 가지 정해진 전분(소스를 되직하게 만들 때 사용하는 타피오카 분말 등)만 해당된다.

- 의심될 때는 먹지 마라. 특정 식품을 두고 어떤 선택을 해야 하는지 판단이 서지 않으면 설탕 디톡스 웹사이트(balancedbites.com/21DSD) 토론 공간에 문의하면 답변과 도움을 받을 수 있다.

설탕 디톡스에
가장 도움이 되는
10가지 팁

1. **숙면.** 잠을 충분히 못 자면 다음 날 하루 종일 설탕을 먹고픈 욕구를 떨칠 수 없다.

2. **물 마시기.** 허기가 느껴지면 꼭 목이 마르지 않더라도 일단 물을 마시고 몸에 수분을 충분히 공급하자.

3. **미리미리 준비할 것.** 먹어도 되는 음식을 부족하지 않게 신경 써서 준비해두면 하루 내내 식욕을 가라앉히는 데 도움이 되고, 설사 갑자기 식욕이 치솟더라도 올바른 음식을 먹을 수 있다.

4. **주변에 알리기.** 회사 동료, 가족 등 누구든 좋다. 매일 많은 시간을 함께 보내는 사람에게 설탕 디톡스에 도전 중이라고 알리면 큰 도움을 얻고 무사히 마칠 수 있다.

5. **허브티 맛들이기.** 허브티(카페인이 없는 종류)는 실컷 마실 수 있다. 간식을 먹는 기분도 느낄 수 있어서 식욕이 솟아도 뭔가 부족한 듯한 기분을 떨치게 해준다.

6. **단백질,** 지방, 채소 순서로 먹자. 식사든 간식이든 접시를 채울 때 이 순서를 기억하자.

7. **식사를 간식으로 활용하라.** 식사를 준비할 때 조금 더 많이 만들어서 먹고 남은 것을 따로 보관해두었다가 간식이 생각날 때 먹자. 간식이 꼭 '스낵류'여야만 할 이유는 없다.

8. **걷기.** 달달한 간식이 먹고 싶을 때는 생각을 다른 곳에 집중시키자. 신체 활동도 초점을 다른 곳으로 돌리는 데 도움이 된다.

9. **카페인을 줄여라.** 카페인은 설탕 생각이 간절해지도록 만든다. 단 음식을 먹고픈 식욕 때문에 괴로운 사람은 디톡스 첫 일주일 동안 카페인 섭취량을 줄여야 한다.

10. **마음을 편히 먹어라!** 디톡스 프로그램 때문에 스트레스를 받으면 설탕만 더 먹고 싶어질 뿐이다!

레벨 1

다른 레벨과의 차이점

설탕 디톡스 21일 프로그램의 레벨 1에서는 다음 페이지부터 소개되는 식단을 정확히 따르거나 82~83쪽에 나와 있는 먹어도 되는 식품, 먹으면 안 되는 식품 목록을 숙지하고 아래의 주의사항을 잘 따라야 한다.

아래 식품은 원할 경우 식사나 간식에 취향대로 포함시킬 수 있다. 원치 않는 날은 빼도 상관없다. 추가로 선택할 수 있는 식품은 기울임체로 제시하였다.

통곡류와 콩류
하루 최대 반 컵까지, 익혀서 섭취
설탕 디톡스 프로그램에서는 글루텐이 함유되지 않은 곡류만 허용된다.

- 아마란스
- 칡
- 콩: 검은콩, 잠두, 흰 강낭콩, 핀토콩, 팥
- 메밀
- 병아리콩
- 렌틸콩
- 조
- 퀴노아
- 쌀(흰쌀, 현미, 줄풀)
- 수수
- 타피오카

위에 해당되는 곡류의 가루로 만든 식품(현미 파스타, 통곡물 시리얼 등)은 허용되지 않으므로 주의하자. 이 책에서 제시한 식단을 따르는 경우, 요리 종류와 맛을 고려하여 메뉴에 포함시켜 놓았으니 그대로 따르면 된다. 이 책의 식단을 따르지 않는 경우에는 반 컵 분량의 곡류나 콩을 적절히 활용할 수 있는 방법을 찾아보자. 책 뒤에 나온 레시피는 디톡스 전 레벨에서 활용할 수 있도록 곡류나 콩류가 사용되지 않으니 참고하기 바란다. 위의 식품을 하루 중 언제 먹을지는 자유롭게 선택할 수 있다.

가령 추천 식단에서 점심에 쌀이 포함되어 있지만 탄수화물을 저녁에 먹는 것을 선호하는 경우에는 얼마든지 그렇게 바꿔도 된다. 탄수화물을 저녁에 섭취하면 잠이 더 잘 오고 혈당을 하루 종일 일정하게 유지하는 데에도 도움이 된다.

지방이 그대로 함유된 유제품
정해진 1회 섭취량 없음
무지방 유제품이나 저지방 유제품은 허용되지 않는다.

- 치즈, 크림치즈, 코티지치즈
- 생우유, 생크림(헤비 크림), 우유와 크림이 섞인 크림(하프 앤 하프 크림)
- 지방이 그대로 함유된 플레인 요거트나 케피어 발효유
- 사우어크림

지방이 모두 함유된 유제품은 일일 식단에 포함시켜도 되고 가끔 한 번씩 먹어도 된다. 다음 식단을 보면 어디에 유제품을 포함시키면 되는지 알 수 있다. 국내에서 생산된 제품으로 선택하고, 초목을 먹고 자란 동물에서 얻어서 균질 처리를 거치지 않은 제품으로 고르자. 풀을 먹고 자란 동물에서 생산된 제품을 구할 수 없을 때는 유기농 제품을 추천한다.

BALANCEDBITES.COM/21DSD
인쇄용 쇼핑 목록을 다운로드 받을 수 있다.

레벨 1

일	아침 식사	점심 식사	저녁 식사	간식
1 ● ● ▲ ■	버팔로 치킨이 들어간 달걀 머핀(112), 삶은 시금치, 아보카도	케이퍼와 토마토를 곁들인 연어 샐러드(166), 잎채소로 만든 샐러드나 랩샌드위치	멕시코식 미트로(130), 허브향 가득 으깬 컬리플라워(190)나 **쌀 반 컵** 또는 **검은콩 반 컵**	간단한 쇠고기 육포(196), 견과류 믹스(204)
2 ● ● ■ ▲	버팔로 치킨이 들어간 달걀 머핀 먹고 남은 것, 삶은 시금치, 아보카도	먹고 남은 멕시코식 미트로프, 고수 컬리플라워 밥(184)이나 **쌀 반 컵** 또는 **검은콩 반 컵**	케이퍼와 올리브 타프나드를 올린 연어 구이(158), 혼합 채소 샐러드	먹고 남은 간단한 쇠고기 육포와 견과류 믹스
3 ◆ ▲ ●	녹색 사과가 들어간 아침 식사용 소시지(106), 생당근, 생아몬드	케이퍼와 올리브 타프나드를 올린 연어 구이 먹고 남은 것, 마늘 수프(174)나 **퀴노아 반 컵**, 비네그레트를 곁들인 혼합 야채(230)	머스터드 바른 닭 허벅지살(126), 노란 비트와 허브 구이(192) 또는 잎채소*	완숙 달걀, 구운 케일 칩(202)
4 ◆ ● ◆	아침 식사용 소시지 먹고 남은 것, 생당근, 생아몬드나 호두	머스터드 바른 닭 허벅지살 먹고 남은 것, 노란 비트와 허브 구이 먹고 남은 것 또는 잎채소*	아시아식 미트볼(150), 생양배추와 청경채 샐러드(183), 미소 없는 미소된장국(176), **쌀 반 컵**	설탕 디톡스에 알맞은 과일과 견과류 버터, 또는 **지방이 그대로 함유된 요거트**
5 ◆ ◆ ■	베이컨 뿌리채소 볶음(107), 원하는 대로 조리한 달걀 두 개 또는 원하는 단백질 85그램	먹고 남은 아시아식 미트볼, 먹고 남은 생양배추와 청경채 샐러드, **현미 반 컵**	셰퍼드 파이(146), 원하는 드레싱을 더한 잎채소(228~230)	곡물 없는 바놀라(212), **우유, 코코넛 밀크, 지방이 그대로 함유된 요거트**
6 ◆ ■ ▲	먹고 남은 베이컨 뿌리채소 볶음, 원하는 대로 조리한 달걀 두 개 또는 원하는 단백질 85그램	먹고 남은 셰퍼드 파이, 원하는 드레싱을 더한 잎채소(228~230)	새우 팟타이(160), **코코넛 아미노스로 살짝 볶은 현미 반 컵**	먹고 남은 곡물 없는 바놀라, **우유, 코코넛 밀크, 지방이 그대로 함유된 요거트**
7 ▲ ● ▲ ◆	먹고 남은 새우 팟타이	바싹 구운 닭 가슴살(118), 부드러운 발사믹 드레싱을 곁들인 브로콜리 베이컨 샐러드(181)	해산물 초리조 빠에야(154), **익힌 현미 반 컵과 컬리플라워 밥 포함**	간단한 쇠고기 육포(196), 시닐라 견과류 믹스(204)

기호 설명
● 달걀
● 가금육
◆ 돼지고기
■ 양고기
■ 쇠고기/들소고기
▲ 해산물

참고 사항
*   82쪽의 먹어도 되는 식품 목록에 포함된 잎채소 중에서 아무거나 선택하면 된다.
**   식단을 변경하는 경우, 전분 채소를 추가해야 한다.
기울임체로 굵게 표시한 식품은 선택 사항이므로 생략해도 된다.
왼쪽의 기호는 하루 식단에 함유된 주된 단백질원을 나타낸 것이다. 간식은 생략해도 된다.

일	아침 식사	점심 식사	저녁 식사	간식
8 🟠 🟢 🟥	베이컨과 시금치를 넣은 토마토 바질 키시 파이(116)	바싹 구운 닭 가슴살, 올리브를 곁들인 레몬 마늘 국수(188)	생강과 마늘이 들어간 쇠고기 브로콜리 구이(142), 고수 컬리플라워 밥(184) **또는 현미 반 컵**	먹고 남은 쇠고기 육포, 먹고 남은 시닐라 견과류 믹스 (204)
9 🟠 🟥 🔶	베이컨과 시금치를 넣은 토마토 바질 키시 파이 먹고 남은 것	생강과 마늘이 들어간 쇠고기 브로콜리 구이 먹고 남은 것, 먹고 남은 고수 컬리플라워 밥	두 겹 돼지고기 안심 요리 (152), 녹색 사과와 회향 샐러드(180), **퀴노아 반 컵**	설탕 디톡스에 알맞은 과일과 견과류 버터, 또는 **지방이 그대로 함유된 요거트**
10 🟢 🔶 🔺	케이퍼와 골파를 곁들인 레몬 치킨(121), 생당근 또는 찐 채소*	먹고 남은 두 겹 돼지고기 안심 요리, 원하는 드레싱을 더한 잎채소(228~230)	아몬드와 타임을 곁들인 가자미 구이(157), 구운 컬리플라워 수프(172), **퀴노아 반 컵**	설탕 디톡스에 알맞은 과일과 견과류 버터, 또는 **지방이 그대로 함유된 요거트**
11 🟢 🔺 🟥	케이퍼와 골파를 곁들인 레몬 치킨 먹고 남은 것, 생당근 또는 찐 채소*	참치 샐러드 랩샌드위치(164), 먹고 남은 구운 컬리플라워 수프나 잎채소*	그리스식 미트볼과 샐러드 (141), 그리스식 토마토 오이 샐러드(187), **쌀 반 컵**	곡물 없는 바놀라 (212), **우유, 코코넛 밀크, 지방이 그대로 함유된 요거트**
12 🔶 🟪 🟢	녹색 사과가 들어간 아침 식사용 소시지(106), 생당근 또는 다른 채소*	먹고 남은 그리스식 미트볼과 샐러드	매콤달콤한 생강 마늘 치킨 (128), 오이 냉국수 샐러드 (182), **현미 반 컵**	먹고 남은 곡물 없는 바놀라, **우유, 코코넛 밀크, 지방이 그대로 함유된 요거트**
13 🔶 🟢 🟥	먹고 남은 아침 식사용 소시지, 생당근, 생아몬드나 호두	먹고 남은 매콤달콤한 생강 마늘 치킨, 잎채소*, **현미 반 컵**	국수호박 볼로네즈(134), 야채샐러드	간단한 쇠고기 육포 (196), 견과류 믹스 (204)
14 🟠 🟥 🔶	야채 팬케이크(109), 원하는 단백질 85그램	먹고 남은 국수호박 볼로네즈, 야채샐러드	시나몬 향이 나는 돼지갈비 구이(153), 크럼블 방울양배추 (193), **퀴노아 반 컵**	먹고 남은 간단한 쇠고기 육포, 먹고 남은 견과류 믹스

기호 설명
🟠 달걀
🟢 가금육
🔶 돼지고기
🟪 양고기
🟥 쇠고기/들소고기
🔺 해산물

참고 사항
*　　82쪽의 먹어도 되는 식품 목록에 포함된 잎채소 중에서 아무거나 선택하면 된다.
**　　식단을 변경하는 경우, 전분 채소를 추가해야 한다.
기울임체로 굵게 표시한 식품은 선택 사항이므로 생략해도 된다.
왼쪽의 기호는 하루 식단에 함유된 주된 단백질원을 나타낸 것이다. 간식은 생략해도 된다.

레벨 1

일	아침 식사	점심 식사	저녁 식사	간식
15 ● ◆ ▲	당근 호박 머핀(115), 원하는 대로 조리한 달걀 두 개 또는 원하는 단백질 85그램	시나몬 향이 나는 돼지갈비 구이 먹고 남은 것, 먹고 남은 크럼블 방울양배추, **퀴노아 반 컵**	버팔로 새우가 담긴 상추 컵 (168), 4가지 기본 재료로 만든 과카몰리(197), 감자튀김 닮은 생 히카마 (186)	설탕 디톡스에 알맞은 과일과 견과류 버터, 또는 **지방이 그대로 함유된 요거트**
16 ● ● ■ ◆	먹고 남은 당근 호박 머핀, 원하는 대로 조리한 달걀 두 개 또는 원하는 단백질 85그램	또띠야 없이 먹는 스모키 치킨 수프(170), 4가지 기본 재료로 만든 과카몰리 먹고 남은 것, **쌀 반 컵**	양고기 초리조 칠리 (148), 코코아 칠리 양념 컬리플라워 구이(191)	설탕 디톡스에 알맞은 과일과 견과류 버터, 또는 **지방이 그대로 함유된 요거트**
17 ▲ ■ ◆ ●	양배추 곁들인 로즈마리 연어(108)	먹고 남은 양고기 초리조 칠리, 코코아 칠리 양념 컬리플라워 구이 먹고 남은 것	아티초크와 올리브를 곁들인 치킨(122), **병아리콩 반 컵**, 올리브를 곁들인 레몬 마늘 국수(188)	곡물 없는 바놀라 (212), **우유, 코코넛 밀크, 지방이 그대로 함유된 요거트**
18 ● ■	원하는 스무디(104~105), 원하는 대로 조리한 달걀 두 개 또는 원하는 단백질 85그램	아티초크와 올리브를 곁들인 치킨 먹고 남은 것, **병아리콩 반 컵**, 올리브를 곁들인 레몬 마늘 국수 먹고 남은 것	2가지 맛 고기 피자(138), 페스토 호박 국수(189)	먹고 남은 곡물 없는 바놀라, **우유, 코코넛 밀크, 지방이 그대로 함유된 요거트**
19 ■ ●	원하는 스무디(104~105), 원하는 대로 조리한 달걀 두 개 또는 원하는 단백질 85그램	[미리 만들어둔] 이탈리아식 피망 요리(136)	삼색 고추를 곁들인 치킨 (120), 고수 컬리플라워 밥 (184) 또는 **쌀 반 컵**	간단한 쇠고기 육포, 시닐라 견과류 믹스 (204)
20 ● ▲	맛좋은 허브 비스킷(200), 원하는 단백질 85그램, 원하는 채소*	[미리 만들어둔] 치즈 맛 허브 아몬드 스프레드 바른 오색 콜라드 랩(162)	참깨와 라임이 들어간 매콤 연어(156), 오이 냉국수 샐러드(182), **쌀이나 퀴노아 반 컵**	먹고 남은 간단한 쇠고기 육포, 먹고 남은 견과류 믹스
21 ● ● ■	베이컨과 시금치를 넣은 토마토 바질 키시 파이(116)	바싹 구운 닭 가슴살(118), 올리브를 곁들인 레몬 마늘 국수(188), **팥 반 컵**	할라피뇨 베이컨 버거(132)와 야채 팬케이크(109)	설탕 디톡스에 알맞은 과일과 견과류 버터, 또는 **지방이 그대로 함유된 요거트**

기호 설명
- ● 달걀
- ● 가금육
- ◆ 돼지고기
- ■ 양고기
- ■ 쇠고기/들소고기
- ▲ 해산물

참고 사항
* 82쪽의 먹어도 되는 식품 목록에 포함된 잎채소 중에서 아무거나 선택하면 된다.
** 식단을 변경하는 경우, 전분 채소를 추가해야 한다.
기울임체로 굵게 표시한 식품은 선택 사항이므로 생략해도 된다.
왼쪽의 기호는 하루 식단에 함유된 주된 단백질원을 나타낸 것이다. 간식은 생략해도 된다.

먹어도 되는 식품, 먹으면 안 되는 식품 목록

먹어도 되는 식품 21일 동안 충분히 먹어야 할 식품

육류, 생선, 달걀
대표적인 예 :
모든 육류. 베이컨, 판체타, 프로슈토 등 조리된 육류와 절인 육류 전체 포함. (추천 브랜드와 피해야 할 성분은 236쪽 참고)
해산물 전체
달걀

야채
아티초크/돼지감자
아스파라거스
브로콜리
방울양배추
배추
당근
컬리플라워
셀러리/셀러리 뿌리
근대
콜라드
오이
가지
마늘
생강
깍지콩
서양고추냉이
히카마
케일
리크
상추. **잎채소 전체**
버섯
양파
파스닙
고추. *모든 종류*
적색 치커리
무
스웨덴 순무(루타바가)
깍지완두
국수호박
시금치
토마토
순무
노란 호박
주키니(서양호박)

과일
'제한 식품'을 참고하면 더욱 다양하게 즐길 수 있다!
레몬
라임

견과류/씨앗류
알맹이, 가루, 버터로 섭취
아몬드
브라질 넛
코코아/카카오(100%), 카카오닙스
치아씨
코코넛 – *당이 첨가되지 않은 모든 형태. 코코넛 설탕은 해당되지 않음.*
개암(헤이즐넛)
아마씨
삼씨
마카다미아
피칸
피스타치오
호박씨
해바라기씨
참깨, 타히니
호두

지방/오일
73쪽 지침 참고
동물성 지방
버터. 기(ghee), 버터기름
아보카도, 아보카도 오일
코코넛 오일
아마유
올리브, 올리브유
참기름

유제품
지방이 그대로 함유된 제품만!
치즈. 크림치즈. 코티지치즈
우유(일반 생우유만)
하프 앤 하프 크림
생크림
사우어크림
요거트/케피어 발효유(플레인)

음료
아몬드 밀크(무가당 또는 직접 만든 것 – 225쪽 참고)
코코넛 밀크, 코코넛 크림(지방 그대로 함유)
에스프레소 커피
광천수
탄산수, 소다수
차: 허브티, 녹차, 홍차, 백차 등 (무설탕)
물

양념, 기타
육수(집에서 만든 것만 포함됨 – 224쪽 레시피 참고)
코코넛 아미노스
설탕 디톡스에 알맞은 케첩(226쪽 레시피 참고). *시중에 판매되는 케첩은 허용되지 않음.*
추출물: 바닐라. 아몬드, 바닐라빈 등
후무스(재료: 컬리플라워)
몸에 좋은 홈메이드 마요네즈 (223쪽 레시피 참고). *그 외 다른 마요네즈는 최대한 피하는 것이 좋다.*
머스타드(글루텐 무함유 제품)
영양효모, 맥주효모 – 루이스 랩스 (Lewis Labs) 브랜드
직접 만든 샐러드 드레싱
향신료와 허브 – 모든 종류가 허용되나. 혼합 제품의 경우 숨겨진 성분이 없는지 확인하자.
식초 – 애플사이다. 발사믹(증류 제품). 레드와인. 셰리주. 화이트와인

식이보충제
단백질 분말 – 100% 순수 제품으로 다른 성분이 첨가되지 않은 것 (100% 유청단백이나 난백. 삼 (hemp) 등)
대구 간 발효 오일 – 맛 첨가 제품과 무첨가 제품 모두 허용 (감미료는 허용되지 않음!)
순수 비타민 또는 무기질 보충제

먹고 싶은 음식이 이 리스트에 없다면?
77쪽의 "먹어도 되는 음식일까?"를 읽어보기 바란다.

식단 변경
신체 에너지나 부분 채식주의에 맞게 식단을 변경하려는 경우, 84~85쪽에 나온 추가 정보를 확인하기 바란다.

제한 섭취 식품 먹어도 되지만 먹는 양을 제한해야 하는 식품.

채소, 전분
하루 한 컵까지 허용
도토리 호박
비트
버터넛 호박
완두콩
호박(pumpkin)
겨울호박(다양한 형태)

과일
하루 한 개까지 허용
바나나 – 끝이 녹색인 것, 완전히
익지 않은 것만 허용
그레이프프루트
녹색 사과(그래니스미스 애플)

곡물, 콩류
**하루 반 컵까지 허용(통째로 익힌
것 기준), 분말은 허용되지 않음**
아마란스
칡
콩: 검은콩, 잠두, 흰 강낭콩,
핀토콩, 팥
메밀
렌즈콩
조
퀴노아
쌀(현미, 백미, 줄풀)
수수

음료
하루 한 컵까지 허용
코코넛즙, 코코넛 워터(감미료
무첨가 제품)
곰부차 – 집에서 우려낸 것, 또는
시중에 판매되는 제품(설명은
57쪽과 62쪽 FAQ, 추천 브랜드는
236쪽 참고)

허용되지 않는 식품 21일 동안 먹지 말아야 하는 식품

정제된 탄수화물
베이글
빵
브레드스틱
브라우니
케이크
사탕
시리얼, 그래놀라
칩스
쿠키
쿠스쿠스(단단한 밀을 으깬 후
쪄서 고기, 채소 등과 곁들여
먹는 음식 – 역주)
크래커
크로와상
컵케이크
머핀
귀리
오르조 파스타
파스타
패스트리
피타 빵
피자
팝콘
떡

롤
또띠야, 또띠야 칩

채소, 전분
카사바
옥수수(가늘게 빻은 가루, 거친
가루 포함)
플랜테인
대두, 에다마메콩
고구마, 참마
타피오카, 타로(가루 포함)

과일
'먹어도 되는 음식'과 '제한 섭취
식품'참고
생과일, 말린 과일

곡물, 콩류
보리
카뮤 밀
호밀
대두, 에다마메콩(미소, 나토,
템페, 두부, 간장 포함)
스펠트 밀
밀

곡류나 콩의 가루(병아리콩,
렌즈콩 등)

견과류, 견과류 버터
캐슈
땅콩

감미료 전체
단 한 가지도 허용되지 않는다!
59쪽의 목록을 참고하면 숨겨진
감미료를 찾을 수 있다.

이름에 "다이어트"가 붙은
식품, 무설탕 식품, 인공
감미료가 들어간 모든 식품
씹어 먹는 사탕도 당연히
안 된다!

식이보충제
설탕, 감미료, 당알코올(자일리톨
등)이 함유된 모든 제품
쉐이크올로지(Shakeology)
브랜드나 유사 브랜드 제품
대두, 옥수수, 밀이 함유된
식이보충제

음료
모든 종류의 술
당류가 미리 첨가된 커피 "음료"
나 쉐이크
주스
탈지유 – 무지방이나 지방 1%,
2% 제품. 두유, 쌀 우유, 귀리
우유 포함.
탄산음료(일반 제품, 다이어트
제품)
단맛이 나는 음료(허브티는 제외)
단백질 분말 제품 중 성분이 한
가지 이상인 제품(먹어도 되는
음식목록 중 식이보충제 참고)

양념, 기타
육수 – 상자나 캔에 포장된
농축 제품
병아리콩으로 만든 후무스
시중에 판매되는 케첩
시중에 판매되는 마요네즈
샐러드드레싱 – 완조리된 제품
또는 시중에 판매되는 제품
간장, 타마리 소스

섭취 열량 변경

탄수화물을 추가로 섭취해야 하는 경우

본 변경 방법은 아래에 해당되는 사람에게 적합하다.
- 평상시에 신체 활동량이 매우 많은 사람, 몸을 많이 움직이는 일을 하는 사람
- 고강도 운동을 하거나, 규칙적으로 운동하는 사람(예를 들어 인터벌 트레이닝, 크로스핏과 같은 형태의 운동, 지구력 운동이나 심혈관 강화 운동, 에어로빅을 한 번에 20분 이상, 중등도나 고강도로 실시하는 경우. 요가만 하는 사람은 본 변경법을 반드시 적용해야 할 필요가 없다.)
- 임신 중이거나 모유 수유 중인 경우

섭취 열량을 조정하면 통곡류나 콩류의 섭취량을 늘리게 된다. 또한 전분질 탄수화물이 함유된 채소를 식단에 추가한다. 상기 요건에 해당되지 않는 참가자에게는 이와 같은 채소가 '허용되지 않는 식품'에 해당된다.

통곡류, 콩류
익힌 것 기준으로 하루 한 컵까지 허용
먹어도 되는 식품과 먹지 말아야 할 식품 목록 가운데 '제한 섭취 식품'의 내용을 따른다.

전분질 탄수화물 채소
활동량과 섭취 열량의 필요량에 따라 다양한 범위에서 섭취한다. 233쪽에 이 분류에 해당되는 채소 목록이 나와 있다.
하루 한 끼, 주로 운동을 한 후에 탄수화물을 30~50 그램씩 추가한다. 으깬 감자를 예로 들면 반 컵에서 한 컵 정도의 양에 해당된다. 레벨 1 디톡스를 시작한 모든 참가자는 일일 탄수화물 섭취량을 충족할 수 있도록 과일도 하루 한 개씩 섭취해야 한다.

운동을 굉장히 많이 하는 경우(고강도 운동 또는 하루 한 번 이상 운동하는 경우), 운동을 할 때마다 탄수화물을 추가한다. 즉 이 같은 양의 탄수화물을 하루 한 끼 이상 추가하거나, 간식으로 추가한다.
하루 중에 탄수화물을 추가로 먹는 시점은 조정해도 된다. 가령 점심 메뉴에 고구마가 포함되어 있지만

탄수화물을 저녁에 먹는 것이 더 좋으면 그렇게 바꾸면 된다. 일반적으로 탄수화물을 하루 중반 이후나 운동 이후에 섭취하면 신체 에너지가 더욱 원활히 보충된다. 섭취 시점은 식단을 정할 때 사람마다 변동성이 큰 요소이므로, 자신의 신체 에너지 수준을 파악하는 것이 추가로 섭취하는 탄수화물을 언제 먹을지 정하는 가장 좋은 방법이다.

일일 탄수화물 섭취 권장량
활동량 보통: 75~150그램
활동량 높음: 100~200그램 이상 추가
임신, 모유 수유 중인 경우: 100그램 이상 추가
이 범위는 추정치이므로, 에너지를 유지하려면 더 많은 탄수화물이 필요하다고 판단되는 경우에는 그에 맞게 조정하기 바란다.

임신 중이거나 한 명 이상의 자녀에게 모유를 수유 중인 사람은 자신에게 잘 맞는 탄수화물 식품을 추가로 섭취해야 한다. 디톡스 효과를 높일 수 있다는 생각에 섭취량을 제한해서는 안 된다. 이 프로그램의 목표는 여러분과 아기의 몸을 모두 건강하게 하는 것이므로, 절대로 탄수화물 식품을 제한하지 말아야 한다! 젖이 평소보다 적게 나오거나 몸이 더 피곤하다고 느껴지면 앞서 설명한 방법에 따라 탄수화물 밀도가 높은 식품을 더 많이 섭취해야 한다.

부분 채식에 맞춘 변경 레벨 1

고기는 먹지 않고 해산물과 달걀, 유제품은 먹는 경우

본 변경 방법은 아래에 해당되는 사람에게 적합하다.
- 부분 채식을 하는 사람

부분 채식을 위해 디톡스 프로그램을 변경하면 통곡류나 콩류의 섭취량을 늘리게 된다. 또한 전분질 탄수화물이 함유된 채소를 식단에 추가한다. 이와 같은 채소는 상기 요건에 해당되지 않는 참가자에게는 '허용되지 않는 식품'에 해당된다.

통곡류와 콩류
익힌 것 기준으로 하루 한 컵까지 허용

먹어도 되는 식품과 허용되지 않는 식품 중에서 제한 섭취 식품에 관한 설명을 따른다. 단백질과 탄수화물이 함유된 다른 식품을 충분히 섭취하는 경우, 본 프로그램에서 허용하는 곡류나 콩류를 매일 반드시 먹어야 할 필요는 없다.

전분질 탄수화물 채소
하루 두 컵까지 허용. 233쪽에 본 분류에 해당되는 채소의 목록이 나와 있다.

지방이 모두 함유된 유제품
정해진 섭취량 없음.

양질의 유제품을 식단에 추가하여 단백질과 지방을 추가로 섭취하고자 하는 경우, 최대한 국내에서 생산된 제품으로 택하고 초목을 먹고 자란 동물에서 얻어 균질화 공정을 거치지 않은 종류로 고르자. 초목을 먹은 동물에서 얻은 유제품을 구할 수 없는 경우 유기농 제품을 추천한다.

지방
식사와 간식에 지방 섭취량을 추가한다.

예를 들어 아래와 같이 추가할 수 있다.
- 한 끼 식사에 아보카도를 반 개 대신 한 개 다 넣는다.
- 샐러드에 드레싱 두 스푼만 넣는 대신 견과류 1/4컵을 추가한다.
- 유제품 소화에 특별히 문제가 없는 경우, 지방이 그대로 함유된 유제품으로 지방과 단백질 섭취원으로 적극 활용하자(문제가 없다는 것은 섭취 후 속에 가스가 차거나 더부룩한 증상, 소화불량, 여드름, 습진, 변비 증상이 나타나지 않는 것을 의미한다).

해산물
해산물을 단백질 공급원으로 하루 최소 한 끼에 포함시키자. 하루 두 끼에 포함시키는 것이 가장 좋다.

레벨 2
다른 레벨과의 차이점

설탕 디톡스 21일 프로그램의 레벨 2를 진행하는 동안 다음 페이지부터 소개되는 식단을 정확히 따르거나 90~91쪽에 나와 있는 먹어도 되는 식품, 먹으면 안 되는 식품 목록을 숙지하고 아래의 주의사항을 잘 따라야 한다.

아래 식품은 원할 경우 식사나 간식에 포함시킬 수 있다. 원치 않는 날은 빼도 상관없다. 추가로 선택할 수 있는 식품은 기울임체로 제시하였다.

지방이 그대로 함유된 유제품
정해진 1회 섭취량 없음
무지방 유제품이나 저지방 유제품은 허용되지 않는다.

- 치즈, 크림치즈, 코티지치즈
- 생우유, 생크림(헤비 크림), 우유와 크림이 섞인 크림(하프 앤 하프 크림)
- 지방이 그대로 함유된 플레인 요거트나 케피어 발효유
- 사우어크림

지방이 모두 함유된 유제품은 일일 식단에 포함시켜도 되고 가끔 한 번씩 먹어도 된다. 다음 식단을 보면 어디에 유제품을 포함시키면 되는지 알 수 있다. 국내에서 생산된 제품으로 선택하고, 초목을 먹고 자란 동물에서 얻어서 균질 처리를 거치지 않은 제품으로 고르자. 풀을 먹고 자란 동물에서 생산된 제품을 구할 수 없을 때는 유기농 제품을 추천한다.

일	아침 식사	점심 식사	저녁 식사	간식
1 ● ● ▲ ■	버팔로 치킨이 들어간 달걀 머핀(112), 삶은 시금치, 아보카도	케이퍼와 토마토를 곁들인 연어 샐러드(166), 잎채소로 만든 샐러드나 랩샌드위치	멕시코식 미트로프(130), 허브향 가득 으깬 컬리플라워(190)	간단한 쇠고기 육포 (196), 견과류 믹스 (204)
2 ● ● ■ ▲	버팔로 치킨이 들어간 달걀 머핀 먹고 남은 것, 삶은 시금치, 아보카도	먹고 남은 멕시코식 미트로프, 고수 컬리플라워 밥(184)	케이퍼와 올리브 타프나드를 올린 연어 구이(158), 혼합 채소 샐러드	먹고 남은 간단한 쇠고기 육포와 견과류 믹스
3 ◆ ▲ ●	녹색 사과가 들어간 아침 식사용 소시지(106), 생당근, 생아몬드	케이퍼와 올리브 타프나드를 올린 연어 구이 먹고 남은 것, 마늘 수프(174)나 비네그레트를 곁들인 혼합 야채(230)	머스터드 바른 닭 허벅지살 (126), 노란 비트와 허브 구이 (192) 또는 잎채소*	완숙 달걀, 구운 케일 칩(202)
4 ◆ ● ◆	아침 식사용 소시지 먹고 남은 것, 생당근, 생아몬드나 호두	머스터드 바른 닭 허벅지살 먹고 남은 것, 노란 비트와 허브 구이 먹고 남은 것 또는 잎채소*	아시아식 미트볼(150), 생양배추와 청경채 샐러드 (183), 미소 없는 미소된장국 (176)	설탕 디톡스에 알맞은 과일과 견과류 버터, 또는 지방이 그대로 함유된 요거트
5 ◆ ◆ ■	베이컨 뿌리채소 볶음(107), 원하는 대로 조리한 달걀 두 개 또는 원하는 단백질 85그램	먹고 남은 아시아식 미트볼, 먹고 남은 생양배추와 청경채 샐러드	셰퍼드 파이(148), 원하는 드레싱을 더한 잎채소 (228~230)	곡물 없는 바놀라 (212), **우유, 코코넛 밀크, 지방이 그대로 함유된 요거트**
6 ◆ ■ ▲	먹고 남은 베이컨 뿌리채소 볶음, 원하는 대로 조리한 달걀 두 개 또는 원하는 단백질 85그램	먹고 남은 셰퍼드 파이, 원하는 드레싱을 더한 잎채소(216~218)	새우 팟타이(160)	먹고 남은 곡물 없는 바놀라, **우유, 코코넛 밀크, 지방이 그대로 함유된 요거트**
7 ▲ ● ▲ ◆	먹고 남은 새우 팟타이	바싹 구운 닭 가슴살(118), 부드러운 발사믹 드레싱을 곁들인 브로콜리 베이컨 샐러드(181)	해산물 초리조 빠에야(154)	간단한 쇠고기 육포 (196), 시닐라 견과류 믹스(204)

기호 설명
● 달걀
● 가금육
◆ 돼지고기
■ 양고기
■ 쇠고기/들소고기
▲ 해산물

일	아침 식사	점심 식사	저녁 식사	간식
8 ● ● ■	베이컨과 시금치를 넣은 토마토 바질 키시 파이(116)	바싹 구운 닭 가슴살, 올리브를 곁들인 레몬 마늘 국수(188)	생강과 마늘이 들어간 쇠고기 브로콜리 구이(142), 고수 컬리플라워 밥(184)	먹고 남은 쇠고기 육포, 먹고 남은 시닐라 견과류 믹스
9 ● ■ ◆	베이컨과 시금치를 넣은 토마토 바질 키시 파이 먹고 남은 것	생강과 마늘이 들어간 쇠고기 브로콜리 구이 먹고 남은 것, 먹고 남은 고수 컬리플라워 밥	두 겹 돼지고기 안심 요리(152), 녹색 사과와 회향 샐러드(180)	설탕 디톡스에 알맞은 과일과 견과류 버터, 또는 *지방이 그대로 함유된 요거트*
10 ● ◆ ▲	케이퍼와 골파를 곁들인 레몬 치킨(121), 생당근 또는 찐 채소*	먹고 남은 두 겹 돼지고기 안심 요리, 원하는 드레싱을 더한 잎채소(228~230)	아몬드와 타임을 곁들인 가자미 구이(157), 구운 컬리플라워 수프(172)	설탕 디톡스에 알맞은 과일과 견과류 버터, 또는 *지방이 그대로 함유된 요거트*
11 ● ▲ ■	케이퍼와 골파를 곁들인 레몬 치킨 먹고 남은 것, 생당근 또는 찐 채소*	참치 샐러드 랩샌드위치(164), 먹고 남은 구운 컬리플라워 수프나 잎채소*	그리스식 미트볼과 샐러드(141), 그리스식 토마토 오이 샐러드(187)	곡물 없는 바놀라(212), *우유, 코코넛 밀크, 지방이 그대로 함유된 요거트*
12 ◆ ■ ●	녹색 사과, 아침용 소시지 요리(106), 생당근 또는 다른 채소*	먹고 남은 그리스식 미트볼과 샐러드	매콤달콤한 생강 마늘 치킨(128), 오이 냉국수 샐러드(182)	먹고 남은 곡물 없는 바놀라, *우유, 코코넛 밀크, 지방이 그대로 함유된 요거트*
13 ◆ ● ■	먹고 남은 아침 식사용 소시지, 생당근, 생아몬드나 호두	먹고 남은 매콤달콤한 생강 마늘 치킨, 잎채소*	국수호박 볼로네즈(134), 야채샐러드	간단한 쇠고기 육포(196), 견과류 믹스(204)
14 ● ■ ◆	야채 팬케이크(109), 원하는 단백질 85그램	먹고 남은 국수호박 볼로네즈, 야채샐러드	시나몬 향이 나는 돼지갈비 구이(153), 크럼블 방울양배추(193)	먹고 남은 간단한 쇠고기 육포, 먹고 남은 견과류 믹스

기호 설명
● 달걀
● 가금육
◆ 돼지고기
■ 양고기
■ 쇠고기/들소고기
▲ 해산물

참고 사항
*　　　90쪽의 먹어도 되는 식품 목록에 포함된 잎채소 중에서 아무거나 선택하면 된다.
**　　식단을 변경하는 경우, 전분 채소를 추가해야 한다.
기울임체로 굵게 표시한 식품은 선택 사항이므로 생략해도 된다.
왼쪽의 기호는 하루 식단에 함유된 주된 단백질원을 나타낸 것이다. 간식은 생략해도 된다.

일	아침 식사	점심 식사	저녁 식사	간식
15 ●◆▲	당근 호박 머핀(115), 원하는 대로 조리한 달걀 두 개 또는 원하는 단백질 85그램	시나몬 향이 나는 돼지갈비 구이 먹고 남은 것, 먹고 남은 크럼블 방울양배추	버팔로 새우가 담긴 상추 컵(168), 4가지 기본 재료로 만든 과카몰리(197), 감자튀김 닮은 생 히카마(186)	설탕 디톡스에 알맞은 과일과 견과류 버터, 또는 *지방이 그대로 함유된 요거트*
16 ●●■◆	먹고 남은 당근 호박 머핀, 원하는 대로 조리한 달걀 두 개 또는 원하는 단백질 85그램	또띠야 없이 먹는 스모키 치킨 수프(170), 4가지 기본 재료로 만든 과카몰리 먹고 남은 것	양고기 초리조 칠리(148), 코코아 칠리 양념 컬리플라워 구이(191)	설탕 디톡스에 알맞은 과일과 견과류 버터, 또는 *지방이 그대로 함유된 요거트*
17 ▲■◆●	양배추 곁들인 로즈마리 연어(108)	먹고 남은 양고기 초리조 칠리, 코코아 칠리 양념 컬리플라워 구이 먹고 남은 것	아티초크와 올리브를 곁들인 치킨(122), 병아리콩 반 컵, 올리브를 곁들인 레몬 마늘 국수(188)	곡물 없는 바놀라(212), *우유, 코코넛 밀크, 지방이 그대로 함유된 요거트*
18 ●■	원하는 스무디(104~105), 원하는 대로 조리한 달걀 두 개 또는 원하는 단백질 85그램	아티초크와 올리브를 곁들인 치킨 먹고 남은 것, 병아리콩 반 컵, 올리브를 곁들인 레몬 마늘 국수 먹고 남은 것	2가지 맛 고기 피자(138), 페스토 호박 국수(189)	먹고 남은 곡물 없는 바놀라, *우유, 코코넛 밀크, 지방이 그대로 함유된 요거트*
19 ■●	원하는 스무디(104~105), 원하는 대로 조리한 달걀 두 개 또는 원하는 단백질 85그램	[미리 만들어둔] 이탈리아식 피망 요리(136)	삼색 고추를 곁들인 치킨(120), 고수 컬리플라워 밥(184)	간단한 쇠고기 육포, 시닐라 견과류 믹스(204)
20 ●▲	맛좋은 허브 비스킷(200), 원하는 단백질 85그램, 원하는 채소*	[미리 만들어둔] 치즈 맛 허브 아몬드 스프레드 바른 오색 콜라드 랩(162)	참깨와 라임이 들어간 매콤 연어(156), 오이 냉국수 샐러드(182)	먹고 남은 간단한 쇠고기 육포, 먹고 남은 견과류 믹스
21 ●●■	베이컨과 시금치를 넣은 토마토 바질 키시 파이(116)	바싹 구운 닭 가슴살(118), 올리브를 곁들인 레몬 마늘 국수(188)	할라피뇨 베이컨 버거(132)와 야채 팬케이크(109)	설탕 디톡스에 알맞은 과일과 견과류 버터, 또는 *지방이 그대로 함유된 요거트*

기호 설명
● 달걀
● 가금육
◆ 돼지고기
■ 양고기
■ 쇠고기/들소고기
▲ 해산물

참고 사항
*   90쪽의 먹어도 되는 식품 목록에 포함된 잎채소 중에서 아무거나 선택하면 된다.
**   식단을 변경하는 경우, 전분 채소를 추가해야 한다.
기울임체로 굵게 표시한 식품은 선택 사항이므로 생략해도 된다.
왼쪽의 기호는 하루 식단에 함유된 주된 단백질원을 나타낸 것이다. 간식은 생략해도 된다.

먹어도 되는 식품, 먹으면 안 되는 식품 목록

LEVEL ②

먹어도 되는 식품 21일 동안 충분히 먹어야 할 식품

육류, 생선, 달걀
대표적인 예 :
모든 육류, 베이컨, 판체타, 프로슈토 등 조리된 육류와 절인 육류 전체 포함. (추천 브랜드와 피해야 할 성분은 236쪽 참고)
해산물 전체
달걀

야채
아티초크/돼지감자
아스파라거스
브로콜리
방울양배추
배추
당근
컬리플라워
셀러리/셀러리 뿌리
근대
콜라드
오이
가지
마늘
생강
깍지콩
서양고추냉이
히카마
케일
리크
상추, *잎채소 전체*
버섯
양파
파스닙
고추, *모든 종류*
적색 치커리
무
스웨덴 순무(루타바가)
깍지완두
국수호박
시금치
토마토
순무
노란 호박
주키니(서양호박)

과일
'제한 식품'을 참고하면 더욱 다양하게 즐길 수 있다!
레몬
라임

견과류/씨앗류
알맹이, 가루, 버터로 섭취
아몬드
브라질 넛
코코아/카카오(100%), 카카오닙스
치아씨
코코넛 – *당이 첨가되지 않은 모든 형태. 코코넛 설탕은 해당되지 않음.*
개암(헤이즐넛)
아마씨
삼씨
마카다미아
피칸
피스타치오
호박씨
해바라기씨
참깨, 타히니
호두

지방/오일
73쪽 지침 참고
동물성 지방
버터, 기(ghee), 버터기름
아보카도, 아보카도 오일
코코넛 오일
아마유
올리브, 올리브유
참기름

유제품
지방이 그대로 함유된 제품만!
치즈, 크림치즈, 코티지치즈
우유(일반 생우유만)
하프 앤 하프 크림
생크림
사우어크림
요거트/케피어 발효유(플레인)

음료
아몬드 밀크(무가당 또는 직접 만든 것 – 225쪽 참고)
코코넛 밀크, 코코넛 크림(지방 그대로 함유)
에스프레소 커피
광천수
탄산수, 소다수
차: 허브티, 녹차, 홍차, 백차 등 (무설탕)
물

양념, 기타
육수(집에서 만든 것만 포함됨 – 224쪽 레시피 참고)
코코넛 아미노스
설탕 디톡스에 알맞은 케첩(226쪽 레시피 참고), *시중에 판매되는 케첩은 허용되지 않음.*
추출물: 바닐라, 아몬드, 바닐라빈 등
후무스(재료: 컬리플라워)
몸에 좋은 홈메이드 마요네즈(223쪽 레시피 참고). *그 외 다른 마요네즈는 최대한 피하는 것이 좋다.*
머스타드(루텐 무함유 제품)
영양효모, 맥주효모 – 루이스 랩스(Lewis Labs) 브랜드
직접 만든 샐러드 드레싱
향신료와 허브 – 모든 종류가 허용되나, 혼합 제품의 경우 숨겨진 성분이 없는지 확인하자.
식초 – 애플사이다, 발사믹(증류 제품), 레드와인, 셰리주, 화이트와인

식이보충제
단백질 분말 – 100% 순수 제품으로 다른 성분이 첨가되지 않은 것 (100% 유청단백이나 난백, 삼(hemp) 등)
대구 간 발효 오일 – 맛 첨가 제품과 무첨가 제품 모두 허용 (감미료는 허용되지 않음!)
순수 비타민 또는 무기질 보충제

먹고 싶은 음식이 이 리스트에 없다면?
77쪽의 "먹어도 되는 음식일까?"를 읽어보기 바란다.

식단 변경
신체 에너지나 부분 채식주의에 맞게 식단을 변경하려는 경우, 92~93쪽에 나온 추가 정보를 확인하기 바란다.

제한 섭취 식품   먹어도 되지만 먹는 양을 제한해야 하는 식품.

채소, 전분
하루 한 컵까지 허용

도토리 호박
비트
버터넛 호박
완두콩
호박(pumpkin)
겨울호박(다양한 형태)

과일
하루 한 개까지 허용

바나나 – 끝이 녹색인 것. 완전히
익지 않은 것만 허용
그레이프프루트
녹색 사과(그래니스미스 애플)

음료
하루 한 컵까지 허용

코코넛즙, 코코넛 워터(감미료
무첨가 제품)
곰부차 – 집에서 우려낸 것, 또는
시중에 판매되는 제품(설명은
57쪽과 62쪽 FAQ. 추천 브랜드는
236쪽 참고)

허용되지 않는 식품   21일 동안 먹지 말아야 하는 식품

정제된 탄수화물

베이글
빵
브레드스틱
브라우니
케이크
사탕
시리얼, 그래놀라
칩스
쿠키
쿠스쿠스(단단한 밀을 으깬 후
쩌서 고기, 채소 등과 곁들여
먹는 음식 – 역주)
크래커
크로와상
컵케이크
머핀
귀리
오르조 파스타
파스타
패스트리
피타 빵
피자
팝콘
떡
롤
또띠야, 또띠야 칩

채소, 전분

카사바
옥수수(가늘게 빻은 가루, 거친
가루 포함)
플랜테인
대두, 에다마메콩
고구마, 참마
타피오카, 타로(가루 포함)

과일

'먹어도 되는 음식'과 '제한 섭취
식품'참고
생과일, 말린 과일

곡물, 콩류

아마란스
칡
보리
콩: 검은콩, 잠두, 흰 강낭콩,
핀토콩, 팥
메밀
곡류나 콩의 가루(병아리콩,
렌즈콩 등)
카뮤 밀
렌즈콩
조
퀴노아
쌀(현미, 백미, 줄풀)
호밀

수수

대두, 에다마메콩(미소, 니토,
템페, 두부, 간장 포함)
스펠트 밀
밀

견과류, 견과류 버터

캐슈
땅콩

감미료 전체

단 한 가지도 허용되지 않는다!
71쪽의 목록을 참고하면 숨겨진
감미료를 찾을 수 있다.

**이름에 "다이어트"가 붙은
식품, 무설탕 식품, 인공
감미료가 들어간 모든 식품
씹어먹는 사탕도 당연히
안 된다!**

식이보충제

설탕, 감미료, 당알코올(자일리톨
등)이 함유된 모든 제품
쉐이크올로지(Shakeology)
브랜드나 유사 브랜드 제품
대두, 옥수수, 밀이 함유된
식이보충제

음료

모든 종류의 술
당류가 미리 첨가된 커피 "음료"
나 쉐이크
주스
탈지유 – 무지방이나 지방 1%,
2% 제품. 두유, 쌀 우유, 귀리
우유 포함.
탄산음료(일반 제품, 다이어트
제품)
단맛이 나는 음료(허브티는 제외)
단백질 분말 제품 중 성분이 한
가지 이상인 제품('먹어도 되는
음식'목록 중 식이보충제 참고)

양념, 기타

육수 – 상자나 캔에 포장된
농축 제품
병아리콩으로 만든 후무스
시중에 판매되는 케첩
시중에 판매되는 마요네즈
샐러드드레싱 – 완조리된 제품
또는 시중에 판매되는 제품
간장, 타마리 소스

섭취 열량 변경

탄수화물을 추가로 섭취해야 하는 경우

본 변경 방법은 아래에 해당되는 사람에게 적합하다.

- 평상시에 신체 활동량이 매우 많은 사람, 몸을 많이 움직이는 일을 하는 사람
- 고강도 운동을 하거나, 규칙적으로 운동하는 사람(예를 들어 인터벌 트레이닝, 크로스핏과 같은 형태의 운동, 지구력 운동이나 심혈관 강화 운동, 에어로빅을 한 번에 20분 이상, 중등도나 고강도로 실시하는 경우, 요가만 하는 사람은 본 변경법을 반드시 적용해야 할 필요가 없다.)
- 임신 중이거나 모유 수유 중인 경우

섭취 열량을 조정하면 통곡류나 콩류의 섭취량을 늘리게 된다. 또한 전분질 탄수화물이 함유된 채소를 식단에 추가한다. 상기 요건에 해당되지 않는 참가자에게는 이와 같은 채소가 '허용되지 않는 식품'에 해당된다.

전분질 탄수화물 채소

활동량과 섭취 열량의 필요량에 따라 다양한 범위에서 섭취한다. 233쪽에 이 분류에 해당되는 채소 목록이 나와 있다.

하루 한 끼, 주로 운동을 한 후에 탄수화물을 30~50 그램씩 추가한다. 으깬 감자를 예로 들면 반 컵에서 한 컵 정도의 양에 해당된다. 레벨 1 디톡스를 시작한 모든 참가자는 일일 탄수화물 섭취량을 충족할 수 있도록 과일도 하루 한 개씩 섭취해야 한다.

운동을 굉장히 많이 하는 경우(고강도 운동 또는 하루 한 번 이상 운동하는 경우), 운동을 할 때마다 탄수화물을 추가한다. 즉 이 같은 양의 탄수화물을 하루 한 끼 이상 추가하거나, 간식으로 추가한다.

하루 중에 탄수화물을 추가로 먹는 시점은 조정해도 된다. 가령 점심 메뉴에 고구마가 포함되어 있지만 탄수화물을 저녁에 먹는 것이 더 좋으면 그렇게 바꾸면 된다. 일반적으로 탄수화물을 하루 중반 이후나 운동 이후에 섭취하면 신체 에너지가 더욱 원활히 보충된다. 섭취 시점은 식단을 정할 때 사람마다 변동성이 큰 요소이므로, 자신의 신체 에너지 수준을 파악하는 것이

추가로 섭취하는 탄수화물을 언제 먹을지 정하는 가장 좋은 방법이다.

일일 탄수화물 섭취 권장량

활동량 보통: 75~150그램

활동량 높음: 100~200그램 이상 추가

임신, 모유 수유 중인 경우: 100그램 이상 추가

이 범위는 추정치이므로, 에너지를 유지하려면 더 많은 탄수화물이 필요하다고 판단되는 경우에는 그에 맞게 조정하기 바란다.

임신 중이거나 한 명 이상의 자녀에게 모유를 수유 중인 사람은 자신에게 잘 맞는 탄수화물 식품을 추가로 섭취해야 한다. 디톡스 효과를 높일 수 있다는 생각에 섭취량을 제한해서는 안 된다. 이 프로그램의 목표는 여러분과 아기의 몸을 모두 건강하게 하는 것이므로, 절대로 탄수화물 식품을 제한하지 말아야 한다! 젖이 평소보다 적게 나오거나 몸이 더 피곤하다고 느껴지면 앞서 설명한 방법에 따라 탄수화물 밀도가 높은 식품을 더 많이 섭취해야 한다.

부분 채식에 맞춘 변경

고기는 먹지 않고 해산물과 달걀, 유제품은 먹는 경우

본 변경 방법은 아래에 해당되는 사람에게 적합하다.

· 부분 채식을 하는 사람

부분 채식을 위해 디톡스 프로그램을 변경하면 통곡류나 콩류의 섭취량을 늘리게 된다. 또한 전분질 탄수화물이 함유된 채소를 식단에 추가한다. 이와 같은 채소는 상기 요건에 해당되지 않는 참가자에게는 '허용되지 않는 식품'에 해당된다.

전분질 탄수화물 채소

하루 두 컵까지 허용. 233쪽에 본 분류에 해당되는 채소의 목록이 나와 있다.

지방이 모두 함유된 유제품

정해진 섭취량 없음.

양질의 유제품을 식단에 추가하여 단백질과 지방을 추가로 섭취하고자 하는 경우, 최대한 국내에서 생산된 제품으로 택하고 초목을 먹고 자란 동물에서 얻어 균질화 공정을 거치지 않은 종류로 고르자. 초목을 먹은 동물에서 얻은 유제품을 구할 수 없는 경우 유기농 제품을 추천한다.

지방

식사와 간식에 지방 섭취량을 추가한다.

예를 들어 아래와 같이 추가할 수 있다.

· 한 끼 식사에 아보카도를 반 개 대신 한 개 다 넣는다.
· 샐러드에 드레싱 두 스푼만 넣는 대신 견과류 1/4컵을 추가한다.
· 유제품 소화에 특별히 문제가 없는 경우, 지방이 그대로 함유된 유제품으로 지방과 단백질 섭취원으로 적극 활용하자(문제가 없다는 것은 섭취 후 속에 가스가 차거나 더부룩한 증상, 소화불량, 여드름, 습진, 변비 증상이 나타나지 않는 것을 의미한다).

해산물

해산물을 단백질 공급원으로 하루 최소 한 끼에 포함시키자. 하루 두 끼에 포함시키는 것이 가장 좋다.

레벨 3

다른 레벨과의 차이점

설탕 디톡스 21일 프로그램의 레벨 3을 진행하는 동안 다음 페이지부터 소개되는 식단을 정확히 따르거나 98~99쪽에 나와 있는 먹어도 되는 식품, 먹으면 안 되는 식품 목록을 지키면서 아래의 주의사항을 잘 따라야 한다.

레벨 3은 먹을 수 있는 음식이 가장 엄격하게 제한된다. 그러므로 단순히 디톡스 프로그램 중에서 '가장 힘든' 레벨이나 '가장 엄격한' 레벨을 한번 해보고 싶다는 이유로 이 레벨을 택해서는 안 된다. 75쪽의 설문을 통해 레벨 3이 자신에게 가장 알맞은 방식이라는 결론이 내려진 경우에만 시도하는 것이 적절하다.

레벨 3이 레벨 1이나 2와 다른 점은 무엇일까? 본 레벨에서는 곡류와 유제품이 식단에서 일체 배제된다. 일반적으로 '구석기' 다이어트로도 불리는 방식이다. 필자가 쓴 《프랙티컬 팔레오(Practical Paleo)》를 읽어본 독자라면 이와 같은 방식의 영양 관리에 익숙할 것이다. 설탕 디톡스 21일 프로그램이 표준 구석기 다이어트와 다른 점은, 천연 당류와 단맛이 나는 음식을 식단에서 제외하여 단 음식을 먹는 습관을 교정하고 습관적으로 의존하는 다른 음식도 멀리하도록 하는 것이다.

일	아침 식사	점심 식사	저녁 식사	간식
1 ● ● ▲ ■	버팔로 치킨이 들어간 달걀 머핀(112), 삶은 시금치, 아보카도	케이퍼와 토마토를 곁들인 연어 샐러드(166), 잎채소로 만든 샐러드나 랩샌드위치	멕시코식 미트로프(130), 허브향 가득 으깬 컬리플라워(190)	간단한 쇠고기 육포(196), 견과류 믹스(204)
2 ● ● ■ ▲	버팔로 치킨이 들어간 달걀 머핀 먹고 남은 것, 삶은 시금치, 아보카도	먹고 남은 멕시코식 미트로프, 고수 컬리플라워 밥(184)	케이퍼와 올리브 타프나드를 올린 연어 구이(158), 혼합 채소 샐러드	먹고 남은 간단한 쇠고기 육포와 견과류 믹스
3 ◆ ▲ ●	녹색 사과가 들어간 아침 식사용 소시지(106), 생당근, 생아몬드	케이퍼와 올리브 타프나드를 올린 연어 구이 먹고 남은 것, 마늘 수프(174)나 비네그레트를 곁들인 혼합 야채(230)	머스터드 바른 닭 허벅지살(126), 노란 비트와 허브 구이(192) 또는 잎채소*	완숙 달걀, 구운 케일 칩(202)
4 ◆ ● ◆	아침 식사용 소시지 먹고 남은 것, 생당근, 생아몬드나 호두	머스터드 바른 닭 허벅지살 먹고 남은 것, 노란 비트와 허브 구이 먹고 남은 것 또는 잎채소*	아시아식 미트볼(150), 생양배추와 청경채 샐러드(183), 미소 없는 미소된장국(176)	설탕 디톡스에 알맞은 과일과 견과류 버터
5 ◆ ◆ ■	베이컨 뿌리채소 볶음(107), 원하는 대로 조리한 달걀 두 개 또는 원하는 단백질 85그램	먹고 남은 아시아식 미트볼, 먹고 남은 생양배추와 청경채 샐러드	셰퍼드 파이(146), 원하는 드레싱을 더한 잎채소(228~230)	곡물 없는 바놀라(212)
6 ◆ ■ ▲	먹고 남은 베이컨 뿌리채소 볶음, 원하는 대로 조리한 달걀 두 개 또는 원하는 단백질 85그램	먹고 남은 셰퍼드 파이, 원하는 드레싱을 더한 잎채소(228~230)	새우 팟타이(160)	먹고 남은 곡물 없는 바놀라
7 ▲ ● ▲ ◆	먹고 남은 새우 팟타이	바싹 구운 닭 가슴살(118), 부드러운 발사믹 드레싱을 곁들인 브로콜리 베이컨 샐러드(181)	해산물 초리조 빠에야(142)	간단한 쇠고기 육포(196), 견과류 믹스(204)

기호 설명
● 달걀
● 가금육
◆ 돼지고기
■ 양고기
■ 쇠고기/들소고기
▲ 해산물

참고 사항
*   98쪽의 먹어도 되는 식품 목록에 포함된 잎채소 중에서 아무거나 선택하면 된다.
**   식단을 변경하는 경우, 전분 채소를 추가해야 한다.
기울임체로 굵게 표시한 식품은 선택 사항이므로 생략해도 된다.
왼쪽의 기호는 하루 식단에 함유된 주된 단백질원을 나타낸 것이다. 간식은 생략해도 된다.

일	아침 식사	점심 식사	저녁 식사	간식
8 ● ● ■	베이컨과 시금치를 넣은 토마토 바질 키시 파이(116)	바싹 구운 닭 가슴살, 올리브를 곁들인 레몬 마늘 국수(188)	생강과 마늘이 들어간 쇠고기 브로콜리 구이(142), 고수 컬리플라워 밥(184)	먹고 남은 쇠고기 육포, 먹고 남은 견과류 믹스
9 ● ■ ◆	베이컨과 시금치를 넣은 토마토 바질 키시 파이 먹고 남은 것	생강과 마늘이 들어간 쇠고기 브로콜리 구이 먹고 남은 것, 먹고 남은 고수 컬리플라워 밥	두 겹 돼지고기 안심 요리 (152), 녹색 사과와 회향 샐러드(180)	설탕 디톡스에 알맞은 과일과 견과류 버터
10 ● ◆ ▲	케이퍼와 골파를 곁들인 레몬 치킨(122), 생당근 또는 찐 채소*	먹고 남은 두 겹 돼지고기 안심 요리, 원하는 드레싱을 더한 잎채소(228~230)	아몬드와 타임을 곁들인 가자미 구이(157), 구운 컬리플라워 수프(172)	설탕 디톡스에 알맞은 과일과 견과류 버터
11 ● ▲ ■	케이퍼와 골파를 곁들인 레몬 치킨 먹고 남은 것, 생당근 또는 찐 채소*	참치 샐러드 랩 샌드위치 (164), 먹고 남은 구운 컬리플라워 수프나 잎채소*	그리스식 미트볼과 샐러드 (141), 그리스식 토마토 오이 샐러드(187)	곡물 없는 바놀라 (212)
12 ◆ ■ ●	녹색 사과가 들어간 아침 식사용 소시지(106), 생당근 또는 다른 채소*	먹고 남은 그리스식 미트볼과 샐러드	매콤달콤한 생강 마늘 치킨 (128), 오이 냉국수 샐러드 (182)	먹고 남은 곡물 없는 바놀라
13 ◆ ● ■	먹고 남은 아침 식사용 소시지, 생당근, 생아몬드나 호두	먹고 남은 매콤달콤한 생강 마늘 치킨, 잎채소*	국수호박 볼로네즈(134), 야채샐러드	간단한 쇠고기 육포 (196), 견과류 믹스 (204)
14 ● ■ ◆	야채 팬케이크(109), 원하는 단백질 85그램	먹고 남은 국수호박 볼로네즈, 야채샐러드	시나몬 향이 나는 돼지갈비 구이(153), 크럼블 방울양배추 (193)	먹고 남은 간단한 쇠고기 육포, 먹고 남은 견과류 믹스

기호 설명
● 달걀
● 가금육
◆ 돼지고기
■ 양고기
■ 쇠고기/들소고기
▲ 해산물

참고 사항
*   98쪽의 먹어도 되는 식품 목록에 포함된 잎채소 중에서 아무거나 선택하면 된다.
**   식단을 변경하는 경우, 전분 채소를 추가해야 한다.
기울임체로 굵게 표시한 식품은 선택 사항이므로 생략해도 된다.
왼쪽의 기호는 하루 식단에 함유된 주된 단백질원을 나타낸 것이다. 간식은 생략해도 된다.

일	아침 식사	점심식사	저녁식사	간식
15 ●♦▲	당근 호박 머핀(115), 원하는 대로 조리한 달걀 두 개 또는 원하는 단백질 85그램	시나몬 향이 나는 돼지갈비 구이 먹고 남은 것, 먹고 남은 크럼블 방울양배추	버팔로 새우가 담긴 상추 컵(168), 4가지 기본 재료로 만든 과카몰리(197), 감자튀김 닮은 생히카마(186)	설탕 디톡스에 알맞은 과일과 견과류 버터
16 ●●■♦	먹고 남은 당근 호박 머핀, 원하는 대로 조리한 달걀 두 개 또는 원하는 단백질 85그램	또띠야 없이 먹는 스모키 치킨 수프(170), 4가지 기본 재료로 만든 과카몰리 먹고 남은 것	양고기 초리조 칠리(148), 코코아 칠리 양념 컬리플라워 구이(191)	설탕 디톡스에 알맞은 과일과 견과류 버터
17 ▲■♦●	양배추 곁들인 로즈마리 연어(108)	먹고 남은 양고기 초리조 칠리, 코코아 칠리 양념 컬리플라워 구이 먹고 남은 것	아티초크와 올리브를 곁들인 치킨(122), 병아리콩 반 컵, 올리브를 곁들인 레몬 마늘 국수(188)	곡물 없는 바놀라 (212)
18 ●■	원하는 스무디(104~105), 원하는 대로 조리한 달걀 두 개 또는 원하는 단백질 85그램	아티초크와 올리브를 곁들인 치킨 먹고 남은 것, 병아리콩 반 컵, 올리브를 곁들인 레몬 마늘 국수 먹고 남은 것	2가지 맛 고기 피자(138), 페스토 호박 국수(189)	먹고 남은 곡물 없는 바놀라
19 ■●	원하는 스무디(104~105), 원하는 대로 조리한 달걀 두 개 또는 원하는 단백질 85그램	[미리 만들어둔] 이탈리아식 피망 요리(136)	삼색 고추를 곁들인 치킨(120), 고수 컬리플라워 밥(184)	간단한 쇠고기 육포, 견과류 믹스(204)
20 ●▲	맛좋은 허브 비스킷(200), 원하는 단백질 85그램, 원하는 채소*	[미리 만들어둔] 치즈 맛 허브 아몬드 스프레드 바른 오색 콜라드 랩(162)	참깨와 라임이 들어간 매콤 연어(156), 오이 냉국수 샐러드(182)	먹고 남은 간단한 쇠고기 육포, 먹고 남은 견과류 믹스
21 ●●■	베이컨과 시금치를 넣은 토마토 바질 키시 파이(116)	바싹 구운 닭 가슴살(118), 올리브를 곁들인 레몬 마늘 국수(188)	할라피뇨 베이컨 버거(132)와 야채 팬케이크(109)	설탕 디톡스에 알맞은 과일과 견과류 버터

기호 설명
● 달걀
● 가금육
♦ 돼지고기
■ 양고기
■ 쇠고기/들소고기
▲ 해산물

참고 사항
* 98쪽의 먹어도 되는 식품 목록에 포함된 잎채소 중에서 아무거나 선택하면 된다.
** 식단을 변경하는 경우. 전분 채소를 추가해야 한다.
기울임체로 굵게 표시한 식품은 선택 사항이므로 생략해도 된다.
왼쪽의 기호는 하루 식단에 함유된 주된 단백질원을 나타낸 것이다. 간식은 생략해도 된다.

설탕 디톡스
21일

LEVEL
③

먹고 싶은 음식이 이 리스트
에 없다면?
77쪽의 "먹어도 되는
음식일까?"를 읽어보기
바란다.

식단 변경
신체 에너지나 부분
채식주의에 맞게 식단을
변경하려는 경우, 100~101쪽에
나온 추가 정보를 확인하기
바란다.

먹어도 되는 식품 21일 동안 충분히 먹어야 할 식품

육류, 생선, 달걀
대표적인 예 :
모든 육류. 베이컨, 판체타, 프로슈토
등 조리된 육류와 절인 육류 전체
포함. (추천 브랜드와 피해야 할
성분은 236쪽 참고)
해산물 전체
달걀

야채
아티초크/돼지감자
아스파라거스
브로콜리
방울양배추
배추
당근
컬리플라워
셀러리/셀러리 뿌리
근대
콜라드
오이
가지
마늘
생강
깍지콩
서양고추냉이
히카마
케일
리크
상추. **잎채소 전체**
버섯
양파
파스닙
고추. **모든 종류**
적색 치커리
무
스웨덴 순무(루타바가)
깍지완두
국수호박
시금치
토마토
순무
노란 호박
주키니(서양호박)

과일
'제한 식품'을 참고하면 더욱
다양하게 즐길 수 있다!
레몬
라임

견과류/씨앗류
알맹이, 가루, 버터로 섭취
아몬드
브라질 넛
코코아/카카오(100%), 카카오닙스
치아씨
코코넛 – **당이 첨가되지 않은 모든
형태. 코코넛 설탕은 해당되지 않음.**
개암(헤이즐넛)
아마씨
삼씨
마카다미아
피칸
피스타치오
호박씨
해바라기씨
참깨. 타히니
호두

지방/오일
73쪽 지침 참고
동물성 지방
버터, 기(ghee), 버터기름
아보카도, 아보카도 오일
코코넛 오일
아마유
올리브. 올리브유
참기름

음료
아몬드 밀크(무가당 또는 직접 만든
것 – 225쪽 참고)
코코넛 밀크, 코코넛 크림(지방
그대로 함유)
에스프레소 커피
광천수
탄산수, 소다수
차: 허브티, 녹차, 홍차, 백차 등

(무설탕)
물

양념, 기타
육수(집에서 만든 것만 포함됨 –
224쪽 레시피 참고)
코코넛 아미노스
설탕 디톡스에 알맞은 케첩(226
쪽 레시피 참고). **시중에 판매되는
케첩은 허용되지 않음.**
추출물: 바닐라, 아몬드, 바닐라빈 등
후무스(재료: 컬리플라워)
몸에 좋은 홈메이드 마요네즈
(223쪽 레시피 참고). **그 외 다른
마요네즈는 최대한 피하는 것이
좋다.**
머스타드(글루텐 무함유 제품)
영양효모, 맥주효모 – 루이스 랩스
(Lewis Labs) 브랜드
직접 만든 샐러드 드레싱
향신료와 허브 – 모든 종류가
허용되나. 혼합 제품의 경우 숨겨진
성분이 없는지 확인하자.
식초 – 애플사이다. 발사믹(증류
제품), 레드와인, 셰리주, 화이트와인

식이보충제
단백질 분말 – 100% 순수 제품으로
다른 성분이 첨가되지 않은 것
(100% 유청단백이나 난백.
삼(hemp) 등)
대구 간 발효 오일 – 맛 첨가 제품과
무첨가 제품 모두 허용
(감미료는 허용되지 않음!)
순수 비타민 또는 무기질 보충제

제한 섭취 식품   먹어도 되지만 먹는 양을 제한해야 하는 식품.

채소, 전분
하루 한 컵까지 허용
도토리 호박
비트
버터넛 호박
완두콩
호박(pumpkin)
겨울호박(다양한 형태)

과일
하루 한 개까지 허용
바나나 – 끝이 녹색인 것, 완전히
익지 않은 것만 허용
그레이프프루트
녹색 사과(그래니스미스 애플)

음료
하루 한 컵까지 허용
코코넛즙, 코코넛 워터(감미료
무첨가 제품)
곰부차 – 집에서 우려낸 것, 또는
시중에 판매되는 제품(설명은
57쪽과 62쪽 FAQ, 추천 브랜드는
236쪽 참고)

허용되지 않는 식품   21일 동안 먹지 말아야 하는 식품

정제된 탄수화물
베이글
빵
브레드스틱
브라우니
케이크
사탕
시리얼, 그래놀라
칩스
쿠키
쿠스쿠스(단단한 밀을 으깬 후
쪄서 고기, 채소 등과 곁들여
먹는 음식 – 역주)
크래커
크로와상
컵케이크
머핀
귀리
오르조 파스타
파스타
패스트리
피타 빵
피자
팝콘
떡
롤
또띠야, 또띠야 칩

채소, 전분
카사바
옥수수(가늘게 빻은 가루, 거친
가루 포함)
플랜테인
대두, 에다마메콩
고구마, 참마
타피오카, 타로(가루 포함)

과일
'먹어도 되는 음식'과 '제한 섭취
식품'참고
생과일, 말린 과일

곡물, 콩류
아마란스
칡
보리
콩: 검은콩, 잠두, 흰 강낭콩,
핀토콩, 팥
메밀
곡류나 콩의 가루(병아리콩,
렌즈콩 등)
카무 밀
렌즈콩
조
퀴노아
쌀(현미, 백미, 줄풀)
호밀

수수
대두, 에다마메콩(미소, 나토,
템페, 두부, 간장 포함)
스펠트 밀
밀

견과류, 견과류 버터
캐슈
땅콩

감미료 전체
단 한 가지도 허용되지 않는다!
59쪽의 목록을 참고하면 숨겨진
감미료를 찾을 수 있다.

**이름에 "다이어트"가 붙은
식품, 무설탕 식품, 인공
감미료가 들어간 모든 식품
씹어 먹는 사탕도 당연히
안 된다!**

식이보충제
설탕, 감미료, 당알코올(자일리톨
등)이 함유된 모든 제품
쉐이크올로지(Shakeology)
브랜드나 유사 브랜드 제품
대두, 옥수수, 밀이 함유된
식이보충제

음료
모든 종류의 술
당류가 미리 첨가된 커피 "음료"
나 쉐이크
주스
탈지유 – 무지방이나 지방 1%,
2% 제품. 두유, 쌀 우유, 귀리
우유 포함.
탄산음료(일반 제품, 다이어트
제품)
단맛이 나는 음료(허브티는 제외)
단백질 분말 제품 중 성분이 한
가지 이상인 제품('먹어도 되는
음식'목록 중 식이보충제 참고)

양념, 기타
육수 – 상자나 캔에 포장된
농축 제품
병아리콩으로 만든 후무스
시중에 판매되는 케첩
시중에 판매되는 마요네즈
샐러드드레싱 – 완조리된 제품
또는 시중에 판매되는 제품
간장, 타마리 소스

섭취 열량 변경

탄수화물을 추가로 섭취해야 하는 경우

본 변경 방법은 아래에 해당되는 사람에게 적합하다.

- 평상시에 신체 활동량이 매우 많은 사람, 몸을 많이 움직이는 일을 하는 사람
- 고강도 운동을 하거나, 규칙적으로 운동하는 사람(예를 들어 인터벌 트레이닝, 크로스핏과 같은 형태의 운동, 지구력 운동이나 심혈관 강화 운동, 에어로빅을 한 번에 20분 이상, 중등도나 고강도로 실시하는 경우, 요가만 하는 사람은 본 변경 법을 반드시 적용해야 할 필요가 없다.)
- 임신 중이거나 모유 수유 중인 경우

섭취 열량을 조정하면 통곡류나 콩류의 섭취량을 늘리게 된다. 또한 전분질 탄수화물이 함유된 채소를 식단에 추가한다. 상기 요건에 해당되지 않는 참가자에게는 이와 같은 채소가 '허용되지 않는 식품'에 해당된다.

전분질 탄수화물 채소

활동량과 섭취 열량의 필요량에 따라 다양한 범위에서 섭취한다. 233쪽에 이 분류에 해당되는 채소 목록이 나와 있다.

하루 한 끼, 주로 운동을 한 후에 탄수화물을 30~50그램씩 추가한다. 으깬 감자를 예로 들면 반 컵에서 한 컵 정도의 양에 해당된다. 레벨 1 디톡스를 시작한 모든 참가자는 일일 탄수화물 섭취량을 충족할 수 있도록 과일도 하루 한 개씩 섭취해야 한다.

운동을 굉장히 많이 하는 경우(고강도 운동 또는 하루 한 번 이상 운동하는 경우), 운동을 할 때마다 탄수화물을 추가한다. 즉 이 같은 양의 탄수화물을 하루 한 끼 이상 추가하거나, 간식으로 추가한다.

하루 중에 탄수화물을 추가로 먹는 시점은 조정해도 된다. 가령 점심 메뉴에 고구마가 포함되어 있지만 탄수화물을 저녁에 먹는 것이 더 좋으면 그렇게 바꾸면 된다. 일반적으로 탄수화물을 하루 중반 이후나 운동 이후에 섭취하면 신체 에너지가 더욱 원활히 보충된다. 섭취 시점은 식단을 정할 때 사람마다 변동성이 큰 요소이므로, 자신의 신체 에너지 수준을 파악하는 것이

추가로 섭취하는 탄수화물을 언제 먹을지 정하는 가장 좋은 방법이다.

일일 탄수화물 섭취 권장량

활동량 보통: 75~150그램

활동량 높음: 100~200그램 이상 추가

임신, 모유 수유 중인 경우: 100그램 이상 추가

이 범위는 추정치이므로, 에너지를 유지하려면 더 많은 탄수화물이 필요하다고 판단되는 경우에는 그에 맞게 조정하기 바란다.

임신 중이거나 한 명 이상의 자녀에게 모유를 수유 중인 사람은 자신에게 잘 맞는 탄수화물 식품을 추가로 섭취해야 한다. 디톡스 효과를 높일 수 있다는 생각에 섭취량을 제한해서는 안 된다. 이 프로그램의 목표는 여러분과 아기의 몸을 모두 건강하게 하는 것이므로, 절대로 탄수화물 식품을 제한하지 말아야 한다! 젖이 평소보다 적게 나오거나 몸이 더 피곤하다고 느껴지면 앞서 설명한 방법에 따라 탄수화물 밀도가 높은 식품을 더 많이 섭취해야 한다.

자가 면역 질환자의 식단 변경법 레벨 3 

자가 면역 질환이 있는 경우

본 변경 방법은 아래에 해당되는 사람에게 적합하다.
• 자가 면역 질환이 있거나 그러할 가능성이 있는 경우

자가 면역 질환을 고려하여 디톡스 프로그램을 변경하는 경우, 위의 프로그램 변경 기준에 해당되지 않는 사람에게는 '먹어도 되는 식품' 중 몇 가지가 식단에서 제외된다. 제외되는 식품에는 알레르기나 소화에 문제를 발생시킬 가능성이 높은 식품들이 포함된다. 소화 기능이 개선되면 면역 기능도 개선될 수 있다. 자가 면역 질환이 있지만 그에 해당되는 식품을 한 번도 식생활에서 제외해본 적이 없는 사람은 본 디톡스 프로그램을 통해 21일간 한번 시도해볼 것을 강력히 추천한다. 몸 상태가 어떻게 바뀌는지 확인할 수 있는 계기가 될 것이고, 다시 먹기 시작하면 어떤 변화가 생기는지도 확인해볼 수 있다.

달걀

식사, 간식에서 모두 제외
달걀 없이 만드는 아침 식사 메뉴는 222쪽에 나와 있다!

견과류, 씨앗류

식사, 간식에서 모두 제외
통견과류와 견과류 버터, 씨앗, 씨앗 버터가 모두 포함된다. 본 책에서 소개하는 레시피에 견과류가 사용되는 경우 따로 표시해두었다. 해당 재료는 빼고 만들거나, 다른 재료로 바꿀 수 있는 경우 대체 재료를 제시하였다.

가지속 채소, 향신료

식사, 간식에서 모두 제외
토마토, 감자, 고추(파프리카, 고춧가루, 카이엔 고추 등 향신료도 포함), 가지가 해당된다. 본 책에서 소개하는 레시피에 가지속 채소가 사용되는 경우 따로 표시해두었다. 해당 재료는 빼고 만들거나, 다른 재료로 바꿀 수 있는 경우 대체 재료를 제시하였다.

chapter

3

손쉬운 레시피

아몬드 밀크 스무디

재료 준비 5분 • 1~2 인분

견과류
달걀
가지속 채소
포드맵
해산물

코코 몽키 스무디

아보카도 1/4개

아몬드 밀크 1컵(225쪽)

끝이 녹색인 바나나, 얼린 것 1개

무가당 코코아 가루* 3스푼

아몬드 가루(시판 제품* 또는 직접 만든 것
(225쪽)) 2스푼

시나몬 가루 약간

얼음 한 줌(생략 가능)

아몬드 아보나나 스무디

아보카도 1/4개

아몬드 밀크 1컵(225쪽)

끝이 녹색인 바나나, 얼린 것 1개

시나몬 가루 1/4티스푼

아몬드 가루(시중에 판매되는 제품* 또는
직접 만든 것(225쪽)) 2스푼

얼음 한 줌(생략 가능)

재료 팁

* 추천 브랜드 목록은 236쪽에
  나와 있다.

블랜더에 재료를 모두 담고 부드러운 상태가 될 때까지 갈아준다.

코코넛 밀크 스무디

재료 준비 5분 · 1~2인분

청량한 크림시클 스무디

지방이 그대로 함유된 코코넛 밀크*
1컵

물 반 컵

끝이 녹색인 바나나, 얼린 것 1개

바닐라 빈 1/4개, 씨앗 미리 긁어내서
준비

오렌지 1개, 껍질 잘게 갈아서 준비

얼음 한 줌(생략 가능)

라임 코코넛 스무디

지방이 그대로 함유된 코코넛 밀크*
1컵

물 반 컵

끝이 녹색인 바나나, 얼린 것 한 개

라임 껍질, 잘게 간 것 1티스푼

라임 반 개, 즙내서 준비

얼음 한 줌(생략 가능)

재료 팁

* 추천 브랜드 목록은 236쪽에
  나와 있다.

견과류
달걀
가지속 채소
포드맵
해산물

블랜더에 재료를 모두 담고 부드러운 상태가 될 때까지 갈아준다.

녹색 사과가 들어간 아침 식사용 소시지

재료 준비 10분 • 조리 시간 10~12분 • 4인분

견과류
달걀
가지속 채소
포드맵
해산물

쇠고기, 돼지고기, 닭고기,
칠면조 고기 중 한 가지,
다짐육 약 450그램

녹색 사과 반 개, 껍질
벗기고 잘게 썰어서 준비

이탈리안 소시지 스파이스
블랜드(220쪽) 2스푼

큰 볼에 다짐육과 사과, 이탈리안 소시지 스파이스
블랜드를 넣고, 손으로 사과와 향신료가 골고루 섞이도록
버무린다. 반죽을 조금씩 떼어서 비슷한 크기로 납작한
패티 8개를 만든다.

프라이팬을 중불에 올린다. 충분히 뜨거워지면 패티를
올리고 뒤집어가며 굽는다. 한쪽을 5~6분 정도, 또는
표면이 갈색이 될 때까지 충분히 익힌다.

베이컨 뿌리채소 볶음

재료 준비 **15분** • 조리 시간 **20분** • 4인분

베이컨 슬라이스 4장

셜롯 1개, 잘게 다져서 준비

채 썬 파스닙 4컵 (중간 크기로 약 8개)

채 썬 당근 1/4컵

이탈리안 소시지 스파이스 블랜드
(220쪽) 1스푼

포드맵 없이 만들려면?

셜롯은 빼고 만들자. ●

베이컨은 결과 반대 반향으로 0.5센티미터 정도
두께로 썰어서 준비한다. 큼직한 프라이팬을 중불에
올리고, 베이컨을 넣어 기름이 빠지고 고기가
익을 때까지 약 10분간 익힌다. 다 익은 베이컨은
키친타월을 깐 접시에 따로 담아두고 구우면서 나온
기름은 팬에 그대로 남겨둔다.

셜롯을 팬에 담고 2분 정도 투명해질 때까지 볶는다.
이어 파스닙, 당근, 이탈리안 소시지 블랜드를 넣고
모든 야채가 부드럽게 익도록 5~8분간 볶는다.

베이컨을 추가하여 계속 열을 가하면서 골고루
섞는다.

달걀(원하는 형태로 조리한 것), 아침 식사용 줄줄이
소시지나 '녹색 사과가 들어간 아침 식사용
소시지(106쪽)'와 함께 낸다.

견과류
달걀
가지속 채소
포드맵
해산물

양배추 곁들인 로즈마리 연어

재료 준비 **10분** • 조리 시간 **12분** • **4인분**

견과류
달걀
가지속 채소
포드맵
해산물

연어 요리 재료

말린 로즈마리 1티스푼

천일염 1티스푼

흑후추 1/2스푼

연어 휠렛 약 450그램

기(ghee) 또는 코코넛 오일 녹인 것
2스푼

레몬 1개, 둥근 모양으로 얇게 썰어서
준비

양배추 요리 재료

양배추 1통

코코넛 오일 2스푼

애플사이다 식초 1티스푼

오븐 맨 윗칸에 구이용 그릴을 끼우고 낮은 온도에서 예열한다.

작은 볼에 로즈마리와 소금, 후추를 담고 섞는다.

오븐 사용이 가능한 그릇에 연어를 담고 붓으로 기(ghee)나 코코넛 오일을 바른 다음, 볼에 섞은 양념을 골고루 뿌린다. 맨 위에 레몬 슬라이스를 올린다.

그릇을 오븐에 넣고 연어 두께에 따라 8~12분간 익힌다(1인치당 10분 정도 익히면 된다).

연어가 익는 동안 양배추를 심을 중심으로 반으로 가른다. 다시 반씩 자른 뒤 심을 제거하고 대각선 방향으로 최대한 얇게 썬다. 커다란 프라이팬을 중불에 올리고 코코넛 오일을 녹인 후 양배추, 식초, 남은 양념을 넣는다. 재료가 모두 부드럽게 익도록 8~10분간 볶는다.

접시마다 양배추를 깔고 위에 구운 연어를 올려서 낸다.

야채 팬케이크

재료 준비 **10분** • 조리 시간 **20분** • **6~8인분**

주키니 호박 또는 당근 채 썬 것 4컵
(호박이나 당근 작은 걸로 4개, 큰 걸로 2개 분량)

달걀 3개, 풀어서 준비

다진 마늘 1/2티스푼

코코넛 가루 1/4컵

천일염 1/2티스푼

흑후추 1/2티스푼

기(ghee)나 코코넛 오일,
베이컨 기름 1/4컵

요리 팁
133쪽에 당근을 넣어서
햄버거 빵처럼 활용한 요리가
나와 있다. ●

채 썬 호박이나 당근은 치즈 만들 때 쓰는 천 등 올이 성긴 천의 중앙에 놓고 양쪽을 비틀어 꼭 짜서 물기를 최대한 제거한다.

큰 볼에 풀어놓은 달걀과 다진 마늘, 소금, 후추를 넣고 섞은 뒤 그 위에 코코넛 가루를 체 쳐서 넣고 골고루 섞는다. 물기를 짠 채소도 넣고 섞어서 야채 반죽을 만든다.

큰 프라이팬에 기(ghee)나 코코넛 오일, 베이컨 기름을 두르고 중불에서 약불 중간 정도의 불에서 가열한다. 야채 반죽의 1/4을 프라이팬에 올리고 한쪽 면을 3~4분간 굽는다. 뒤집어서 다시 3~4분간 굽고, 남은 반죽도 같은 방법으로 모두 굽는다.

완성된 팬케이크는 뜨거울 때 먹어야 맛있지만, 식으면 단단해지므로 햄버거 패티로 활용할 수 있다(133쪽 참고).

바닐라 코코넛 버터를 얹은 호박 팬케이크

재료 준비 5분 • 조리 시간 30분 • 4인분

견과류
달걀
가지속 채소
포드맵
해산물

팬케이크 재료

달걀 6개

호박 통조림 3/4개

순수 바닐라 추출액 1.5티스푼

호박파이 스파이스 1.5티스푼

시나몬 가루 1.5티스푼

코코넛 가루 3스푼

베이킹소다 1/4티스푼

천일염 약간

기(ghee)나 코코넛 오일 3스푼
(나눠서 사용)

바닐라 빈 코코넛 버터 재료

코코넛 버터* 3스푼 (말랑말랑한
상태로 준비)

순수 바닐라 추출액 3/4티스푼

바닐라 빈 1/2개, 씨앗을 긁어내서
준비

재료 팁
* 236쪽에 추천 브랜드
제품이 나와 있다. ●

조리 팁
직접 익힌 호박이나 호박
퓌레 제품을 사용할 경우,
올이 성긴 천에 담아 양쪽을
묶는다. 천 밑에 그릇을
받친 상태로 하루 정도
냉장고에 넣어두고 물기를
제거하자. ●

큰 볼에 달걀과 호박, 바닐라 추출물을 넣고 거품기로 저어준다. 그 위에 호박파이 스파이스와 시나몬, 코코넛 가루, 베이킹소다, 소금을 체 쳐서 넣는다. 볼에서 섞는 대신 재료를 모두 푸드 프로세서에 넣고 골고루 섞어도 된다.

프라이팬에 기(ghee)나 코코넛 오일 1티스푼을 넣고 가열한 후 반죽을 1스푼 올려 원하는 크기로 팬케이크를 만든다. 한쪽 면을 3분 정도 익히고 거품이 어느 정도 사라지면 뒤집어서 다시 3분 정도 익힌다. 나머지 반죽도 같은 방식으로 굽는다. 반죽을 새로 올리기 전에 프라이팬에 기름을 두른다.

바닐라 코코넛 버터는 작은 볼에 코코넛 버터와 바닐라 추출물, 바닐라 빈에서 긁어낸 씨앗을 담아 골고루 섞어서 만든다. 팬케이크 위에 끼얹는다.

아몬드 버터에 덜 익은 바나나를 얇게 썰어서 섞고 잘게 다진 호두나 피칸도 함께 섞어서 토핑으로 올려도 좋다.

완성된 팬케이크는 베이컨이나 소시지와 함께 낸다.

버팔로 치킨이 들어간 달걀 머핀

재료 준비 10분 • 조리 시간 50분 • 6인분 • 머핀 12개 분량

견과류
달걀
가지속 채소
포드맵
해산물

뼈와 껍질을 제거한 닭 허벅지살이나
닭 가슴살 650~700그램

다진 마늘 1티스푼

천일염 1/2티스푼

흑후추 1/2티스푼

테스메(Tessemae) 브랜드 '윙 소스(Wing
Sauce)' 1/2컵 (나눠서 사용), 또는 자연
재료로 만든 핫소스* 1/4컵과 미리
녹여둔 무염버터나 코코넛 오일 1/4
컵을 섞은 것

큰 달걀 12개

얇게 썬 파 1/4컵

천일염과 흑후추 약간

재료 팁

* 테스메(Tessemae) 브랜드 '윙 소스(Wing Sauce)'를 구할 수 없다면
필자가 개인적으로 즐겨 사용하는 무글루텐 유기농 핫소스를 추천한다.
애리조나 건슬링어(Arizona Gunslinger) 브랜드의 치포틀레 하바네로
(chipotle habañero) 소스로, 온라인으로 구입하거나 고급 식료품 판매점.
협동조합 매장에서 구할 수 있다. 236쪽에 설탕 디톡스와 잘 맞는 소스와
양념 브랜드도 나와 있다. ●

조리도구 팁

236쪽에 머핀 틀에 까는 유산지 제품의 추천 브랜드가 나와 있다. ●

오븐을 220도로 예열한다. 12구 머핀 틀을
준비하고 안에 유산지를 미리 깔아둔다.

다른 오븐 팬에 닭고기를 담고 다진 마늘과
소금, 후추로 양념한다. 그 상태로 오븐에서
25분간, 또는 완전히 익을 때까지 가열한다.

다 익은 닭고기는 포크 2개로 잘게 찢어서 큰
볼에 담는다. 여기에 윙 소스 1/4컵을 끼얹고
골고루 섞어준다.

볼에 달걀을 풀고 거품기로 잘 저어준 뒤 남아
있는 윙 소스 1/4컵과 파, 소금, 후추를 넣어
섞는다.

달걀을 머핀 틀에 각각 절반 정도씩 붓는다.
양념한 닭고기를 1/4컵 정도 덜어서 머핀 틀에
조금씩 나눠 담는다. 남은 닭고기는 머핀이
완성되면 옆에 같이 낸다.

머핀 틀은 오븐에 넣고 40분 정도, 또는
머핀이 부풀어 올라 표면 가장자리에서
노르스름한 갈색이 돌 때까지 굽는다.

브로콜리 허브 달걀 머핀

재료 준비 10분 • 조리 시간 30분 • 4인분 • 머핀 8개 분량

브로콜리, 꽃 부분을 2인치 정도로
잘게 썬 것 1컵

달걀 8개

생고수 잎(또는 다른 허브) 1컵

양파 가루 2티스푼

천일염 1/2티스푼

흑후추 1/2티스푼, 또는 취향대로 추가

덜스(dulse) 플레이크 1티스푼(생략 가능)

조리도구 팁
236쪽에 머핀 틀에 까는 유산지
제품의 추천 브랜드가 나와
있다.

오븐을 180도로 예열한다. 12구 머핀 틀을
준비하고 안에 유산지를 미리 깔아둔다.

작은 소스 팬이나 냄비에 물을 1인치 높이로
담고 브로콜리를 넣은 뒤 센 불에 올린다.
2~5분 정도, 녹색이 선명해지고 포크로
찔렀을 때 부드럽게 들어갈 정도로 익혀서
잠시 식힌다.

블랜더에 달걀과 고수, 양파 가루, 소금, 설탕,
취향에 따라 덜스 플레이크를 넣어 골고루
섞는다.

익힌 브로콜리도 블랜더에 추가하여 다시 잘
섞어준다.

완성된 반죽을 머핀 틀에 나눠 담는다.

오븐에 틀을 넣고 30분 정도, 또는 머핀이
부풀어 올라 표면 가장자리에서 노르스름한
갈색이 돌 때까지 굽는다.

사과 소보로 달걀 머핀

재료 준비 10분 · 조리 시간 40분 · 3인분 · 머핀 6개 분량

견과류
달걀
가지속 채소
포드맵
해산물

코코넛 오일이나 버터, 기(ghee) 1스푼

껍질 벗겨서 잘게 썬 녹색사과 1.5컵

시나몬 가루 1.5티스푼 (나눠서 사용)

따뜻한 물 3스푼

달걀 6개

지방이 그대로 함유된 코코넛 밀크*
2스푼

순수 바닐라 추출물 1/2티스푼

애플사이다 식초 1/4티스푼

코코넛 가루 1스푼

베이킹소다 1/4티스푼

천일염 약간

재료 팁
* 236쪽에 추천 브랜드 목록이
  나와 있다. ●

조리도구 팁
236쪽에 머핀 틀에 까는 유산지
제품의 추천 브랜드가 나와
있다. ●

오븐을 180도로 예열한다.

중간 크기의 프라이팬에 코코넛 오일이나
버터, 기(ghee)를 두르고 중불에서 가열한다.
여기에 사과와 시나몬 가루 1티스푼, 따뜻한
물을 넣고 사과가 애플파이에 들어가는
아삭아삭한 식감과 비슷해질 때까지 볶는다.
완성되면 따로 담아 식힌다.

중간 크기의 볼에 달걀과 코코넛 밀크, 바닐라
추출물, 식초를 넣고 섞는다. 그 위에 코코넛
가루와 남은 시나몬 1/2티스푼, 베이킹소다,

소금을 체 쳐서 넣고 골고루 섞는다. 차갑게
식힌 사과는 고명으로 쓸 수 있도록 1/4컵을
따로 덜어두고 나머지를 넣는다.

6구 머핀 틀에 유산지를 깔고, 달걀과 사과가
섞인 반죽을 나눠 담는다. 따로 덜어둔 사과
반죽을 1티스푼씩 위에 살짝 올린다.

머핀 틀을 오븐에 넣고 40분 정도, 또는
머핀이 부풀어올라 표면 가장자리에서
노르스름한 갈색이 돌 때까지 굽는다.

당근 호박 머핀

재료 준비 15분 • 조리 시간 35~40분 • 12인분 • 머핀 12개 분량

달걀 6개, 풀어서 준비

호박 통조림 1/4개

무염버터나 기(ghee), 코코넛 오일, 녹은 상태로 1/2컵

순수 바닐라 추출물 1티스푼

끝이 녹색인 바나나 1개, 으깨서 준비

코코넛 가루 1/2컵

천일염 약간

베이킹소다 1/4티스푼

호박파이 스파이스 1스푼

채 썬 당근 3컵(큰 당근 약 4개 분량)

견과류

달걀

가지속 채소

포드맵

해산물

조리도구 팁

236쪽에 머핀 틀에 까는 유산지 제품의 추천 브랜드가 나와 있다.

조리 팁

직접 익힌 호박이나 호박 퓌레 제품을 사용할 경우, 올이 성긴 천에 담아 양쪽을 묶는다. 천 밑에 그릇을 받친 상태로 하루 정도 냉장고에 넣어두고 물기를 제거하자.

설탕 디톡스 21일 프로그램이 끝난 후 활용 법

당근을 넣을 때 건포도나 크랜베리 1/4컵을 추가하자. 단, 설탕 디톡스 기간 중에는 절대로 말린 과일을 추가하면 안 된다!

오븐을 180도로 예열한다.

큰 볼에 달걀과 호박, 버터나 기(ghee), 코코넛 오일 중 한 가지, 바닐라 추출물, 바나나를 모두 넣고 잘 섞는다. 여기에 코코넛 가루와 소금, 베이킹소다, 호박 파이 스파이스를 체 쳐서 올리고 골고루 섞어준다. 마지막으로 당근을 넣고 가볍게 섞는다.

12구 머핀 틀을 준비하고 유산지를 깐 다음, 반죽을 1/4컵씩 채운다.

머핀 틀을 오븐에 넣고 35~40분 정도, 또는 머핀이 노르스름한 갈색을 띠고 이쑤시개로 중앙을 찔러보았을 때 반죽이 묻어 나오지 않을 때까지 굽는다.

베이컨과 시금치를 넣은
토마토 바질 키시 파이

재료 준비 15분 · 조리 시간 40~50분 · 4인분

견과류
달걀
가지속 채소
포드맵
해산물

베이컨 슬라이스 8장

달걀 8개

마늘 2톨, 다지거나 갈아서 준비

골파 다진 것 2스푼

생 바질 잎 다진 것 1/4컵

천일염 1.5티스푼

흑후추 1티스푼

잘게 썬 시금치 2컵

베이컨 기름 1~2스푼(베이컨 익힐 때 나온 기름을 따로 덜어둘 것)

방울토마토 12개, 반으로 잘라서 준비

오븐을 190도로 예열한다.

베이컨을 0.5센티미터 두께로 얇게 자른다. 프라이팬을 중불에 올리고 베이컨을 굽는다. 기름이 빠지고 고기가 다 익을 때까지 8~10분 정도 익힌다. 다 익은 베이컨은 키친타월을 깐 접시에 담고 기름도 따로 담아둔다.

큰 볼에 달걀을 풀고 거품기로 잘 저어준 뒤 마늘, 골파, 바질, 소금, 후추를 추가하여 골고루 섞는다. 마지막에 시금치를 넣고 섞는다.

가로세로 9인치, 11인치 정도 크기의 오븐 팬에 따로 담아둔 베이컨 기름을 얇게 바른다. 그 위에 계란 반죽을 올리고 맨 위에 베이컨과 체리토마토를 얹는다.

팬을 오븐에 넣고 30~35분 정도, 파이가 부풀어 올라 가장자리에 노르스름한 갈색이 돌 때까지 익혀준다.

가지속 채소 없이 만들려면?
방울토마토는 빼고 만들자. ●

바싹 구운 닭 가슴살

재료 준비 10~15분 • 조리 시간 10분 • 4인분

견과류
달걀
가지속 채소
포드맵
해산물

뼈와 껍질을 제거한 닭 가슴살 450그램

레몬 1개, 즙내서 준비 또는 발사믹 식초 2스푼

말린 오레가노나 로즈마리, 기타 허브 1티스푼

천일염 1/2티스푼

흑후추 1/2티스푼

코코넛 오일이나 기(ghee) 2스푼

엑스트라 버진 올리브유 2스푼

그릴 팬이나 그릴을 중불에 예열한다.

도마에 닭 가슴살을 가장 두꺼운 부분이 몸 쪽으로 오도록 올린다. 칼을 쥐지 않은 손의 손바닥으로 닭고기를 위에서 지그시 누른 상태로 칼을 도마와 평행이 되도록 눕혀서 고기가 원래 두께의 절반이 되도록 자른다(손가락은 쭉 편 상태를 유지한다). 칼을 조심스럽게 넣고, 고기 한쪽 면만 붙어 있을 정도까지 깊이 잘라서 고기를 펼치면 "나비" 모양이 된다(다음 페이지의 사진과 같은 형태가 되도록). 닭고기 두께가 1/4인치에서 1/2인치 정도가 되도록 자르면 된다. 남은 닭 가슴살도 모두 동일한 방식으로 손질한다.

큰 볼에 레몬즙이나 발사믹 식초를 담고 오레가노, 소금, 후추를 넣어 섞는다. 여기에 닭고기를 넣고 표면에 골고루 묻힌 후 양념이 배도록 5분 이상 그대로 둔다. 단, 1시간 이상 두지 말아야 한다.

달궈진 그릴이나 그릴 팬에 코코넛 오일이나 기(ghee)를 붓으로 바르고, 닭고기를 올린다. 한쪽 면을 두께에 따라 4~5분 정도 익힌다. 고기 가장자리 주변과 중앙이 흰색으로 익으면 뒤집어서 익힌다.

그릴에서 닭고기를 떼어낼 때 엑스트라 버진 올리브유를 발라준다. 그대로 5분 이상 두었다가 썰어서 먹는다.

삼색 고추를 곁들인 치킨

재료 준비 10분 • 조리 시간 40~50분 • 4인분

견과류
달걀
가지속 채소
포드맵
해산물

빨강 피망 1개

포블라노 고추* 1개

바나나 고추* 1개

오리 기름이나 코코넛 오일 또는
무염버터 2티스푼

천일염 1티스푼 (나눠서 사용)

흑후추 1티스푼 (나눠서 사용)

닭 육수 1/2컵 (212쪽 참고)

닭다리 포함 닭 1/4쪽 4개

양파 가루 1/2티스푼

다진 마늘 1/2티스푼

재료 팁

* 바나나 고추나 포블라노
  고추를 구할 수 없으면 세 가지
  색깔의 고추를 준비하면 된다.
  취향대로 매운 정도를 고려하여
  고르자. 

오븐을 205도로 예열한다.

고추를 0.3~0.6 센티미터 두께의 링 모양으로
썰고 가운데 하얀 부분과 씨는 제거한다.

오븐 사용이 가능한 크고 얕은 팬을 중불에
올려 오리 기름이나 코코넛 오일, 버터를
먼저 녹인 후 썰어놓은 고추와 소금 1/2
티스푼, 후추 1/2티스푼을 넣고 익힌다. 고추가
부드러워지고 가장자리에 약간 갈색이 돌면서
팬에 눌어붙지 않을 정도로 볶는다. 충분히
익었으면 닭 육수를 팬 가장자리에 두르면서
붓고 바닥과 팬 옆면에 붙은 갈색 양념을 모두
긁어낸다.

닭다리에 양파 가루와 다진 마늘, 남은 소금
1/2티스푼과 후추 1/2티스푼을 넣고 양념한다.
고추를 팬 가장자리로 밀고 닭다리를 가운데에
넣은 뒤 고추를 고기 위로 올린다.

팬을 그대로 오븐에 넣고 30분 정도, 또는
식품용 온도계를 닭의 가장 두꺼운 부분에
찔러 넣었을 때 74~75도가 될 때까지 익힌다.

케이퍼와 골파를 곁들인 레몬 치킨

재료 준비 10분 • 조리 시간 45~60분 • 4~6인분

통닭 (1.8–2.7킬로그램) **1마리** (취향에 따라
뼈와 껍질이 붙은 부분육 사용)

기(ghee)나 무염버터, 오리 기름 또는
코코넛 오일 녹은 상태로 2스푼

케이퍼 1/2컵, 물기 제거해서 준비

골파 잘게 썬 것 1/4컵

레몬 1개, 껍질을 잘게 갈아두고,
나머지는 둥글게 썰어서 준비

천일염, 흑후추 약간

오븐을 220도로 예열한다.

닭은 식칼 등 큰 칼을 사용하여 반으로 가른 후
테두리가 있는 오븐 팬에 껍질이 위로 오도록
납작하게 얹는다.

기(ghee) 등 기름을 닭 껍질 부분에 붓으로
골고루 바르고 그 위에 케이퍼와 골파, 잘게
간 레몬 껍질을 뿌린다. 소금과 후추로 적당히
간을 하고 레몬 슬라이스를 올린다.

팬을 오븐에 넣고 45~60분 정도, 또는 고기
내부 온도가 75도 정도가 될 때까지 익힌다.
조리 시간은 닭의 크기나 요리에 사용한
부분육의 종류에 따라 조정한다.

아티초크와 올리브를 곁들인 치킨

재료 준비 15분 · 조리 시간 35~40분 · 4인분

견과류
달걀
가지속 채소
포드맵
해산물

기(ghee)**나 무염버터 4스푼** (나눠서 사용)

아티초크 하트, 냉동 제품이나 통조림 제품 4컵(해동/물기 제거해서 준비)

씨를 제거한 올리브 1컵 (녹색, 검은색 골고루 준비)

올리브 절인 물 1/2컵 (올리브와 함께 담겨 있던 것)

뼈와 껍질이 붙어 있는 닭 허벅지 살 8개

강황 가루 2티스푼

다진 마늘 2티스푼

쿠민 가루 1티스푼

고수 가루 1티스푼

천일염 1/4티스푼, 또는 취향에 따라 추가

흑후추 1/4티스푼, 또는 취향에 따라 추가

레몬 1개

고춧가루 1티스푼 (생략 가능 – 가지속 채소 없이 만들려면 빼고 만들 것)

오븐을 220도로 예열한다.

오븐 사용이 가능한 큼직한 찜 그릇이나 세라믹 냄비에 기(ghee)나 버터 2스푼을 넣고 그릇 안쪽 면에 골고루 발라준다. 아티초크 하트와 올리브, 올리브 절인 물을 넣고 그 위에 닭 허벅지살을 얹는다.

작은 볼에 강황 가루와 다진 마늘, 쿠민 가루, 고수 가루, 소금, 후추를 넣고 잘 섞어서 양념을 만든다. 완성된 양념을 닭고기 위에 뿌리고 표면에도 골고루 바른 뒤 나머지를 그 아래 아티초크 하트와 올리브에도 뿌린다. 닭 허벅지살마다 기(ghee)나 버터를 3/4티스푼 정도의 작은 덩어리로 올린다.

레몬을 반으로 가른 후 반쪽을 얇게 썰어서 닭과 다른 재료 주변에 올린다. 나머지 반쪽은 즙을 내어 재료 전체에 골고루 뿌린다. 고춧가루를 사용하는 경우, 마지막으로 전체에 골고루 뿌려준다.

그릇을 뚜껑을 덮은 상태로 오븐에 넣고 20분간 익힌 후 뚜껑을 열어서 다시 15~20분 정도, 또는 고기 내부 온도가 75도에 이를 때까지 익힌다.

요리 팁
뼈와 껍질이 남아 있는 닭 허벅지살을 별로 좋아하지 않는 경우 닭 가슴살이나 닭다리가 포함된 닭 1/4쪽, 닭다리로 만들어도 된다. ●

사이드 메뉴
잎채소 샐러드와 잘 어울리며, '고수 컬리플라워 밥(172쪽)'과 함께 내도 좋다. ●

파스닙과 베이컨으로 속을 채운 치킨 롤

재료 준비 *20분* • 조리 시간 *60분* • *4인분*

견과류
달걀
가지속 채소
포드맵
해산물

베이컨 슬라이스 4장

굵게 썬 파스닙 4컵

베이컨 기름 (베이컨을 익힐 때 따로 담아둔 것) **또는 코코넛 오일 1 티스푼**

셜롯 작은 것 1개, 다져서 준비

파 2뿌리, 잘게 썰어서 준비

뼈와 껍질을 제거한 닭 허벅지살 약 900그램 (8조각 정도)

천일염, 흑후추 약간

포드맵 없이 만들려면?
파는 빼고 만들자. ●

오븐을 180도로 예열한다.

테두리가 있는 오븐 팬에 베이컨을 넣고 20~30분, 또는 완전히 익을 때까지 굽는다. 다 익은 베이컨은 따로 덜어놓고 기름도 따로 담아둔다. 식은 베이컨은 0.5센티미터 정도로 잘게 썰어둔다.

베이컨이 익는 동안 냄비에 물을 1인치 정도 높이로 담고 파스닙을 넣어 익힌다. 포크로 찔렀을 때 푹 들어갈 때까지, 8~10분 정도 익힌다. 다 익은 파스닙은 푸드 프로세서에 넣고 갈거나 포크, 감자 으깨는 도구로 으깬다. 으깬 파스닙은 볼에 담아둔다.

오븐 온도를 205도로 높여서 다시 예열한다.

작은 프라이팬에 베이컨 기름을 두르고 중불에 가열한 뒤 셜롯을 볶는다. 전체적으로 투명해지고 가장자리에 갈색이 약간 돌 때까지 익힌다.

볶은 셜롯과 파, 잘게 썬 베이컨을 으깬 파스닙이 있는 볼에 넣어 골고루 섞고 소금, 후추로 간을 한 뒤 잠시 둔다.

닭 허벅지살을 도마에 올리고 요리용 나무망치로 두드려서 납작하게 편다. 아래로 내리치는 동시에 바깥으로 미는 동작을 반복하며 고기를 넓게 펴서 0.5~0.6 센티미터 두께로 만든다.

펼친 닭고기 양쪽에 소금과 후추로 적당히 간을 한다. 요리용 끈을 바닥에 깔고 그 위에 고기를 얹는다. 으깬 파스닙 반죽을 2~4스푼 떠서 고기 중앙에 올리고 고기를 돌돌 말아서 끈으로 묶어 롤 모양으로 만든다. 완성된 롤은 속이 깊은 오븐용 접시나 무쇠 재질의 프라이팬에 담아 오븐에 넣는다. 오븐에서 30분 정도, 또는 고기 속에 채운 재료가 75도 정도가 될 때까지 익힌다.

남은 파스닙 반죽, 잎채소 샐러드와 함께 낸다.

머스터드 바른 닭 허벅지살

재료 준비 25분 · 조리 시간 45분 · 4인분

견과류
달걀
가지속 채소
포드맵
해산물

녹인 무염버터나 코코넛 오일 1/4컵

무글루텐 머스타드* 2스푼

말린 세이지 1/2티스푼

천일염 1/2티스푼

흑후추 약간

뼈와 껍질이 붙어 있는 닭 허벅지 살 8개

오븐을 220도로 예열한다.

작은 볼에 녹인 버터나 코코넛 오일, 머스터드, 세이지, 소금, 후추를 넣고 섞는다. 닭 허벅지 살을 테두리가 있는 오븐 팬이나 큰 오븐용 접시에 담고 붓으로 머스터드 양념을 골고루 발라준다.

그릇을 오븐에 넣고 45분 정도, 또는 허벅지 중앙에 식품용 온도계를 꽂았을 때 온도가 75도 정도가 될 때까지 익힌다.

재료 팁
* 236쪽에 추천 브랜드 목록이 나와 있다. ●

조리 팁
닭 허벅지살 대신 뼈와 껍질이 붙어 있는 닭 가슴살로 만들어도 된다. 이 요리는 크리미 허브 매쉬드 컬리플라워 (190쪽)나 잎채소 샐러드와 함께 내면 좋다. 먹고 남은 것은 큰 오븐이나 토스트용 작은 오븐에 데우면 맛이 그대로 살아나고, 아침 식사로도 적절하다. ●

PRIDE OF
SZEGED
GARLIC
POWDER
NET WT. 6 OZ. (170g)

매콤달콤한 생강 마늘 치킨

재료 준비 5분 • 조리 시간 30~35분 • 4인분

견과류
달걀
가지속 채소
포드맵
해산물

기(ghee) 또는 코코넛 오일 1스푼

뼈와 껍질이 붙어 있는 닭 허벅지 살 8조각, 또는 뼈와 껍질이 붙어 있는 닭 가슴살 4조각

천일염, 후추 약간

중간 크기 양파 1개, 잘게 다져서 준비

마늘 두 톨, 다져서 준비

생강 분말 1티스푼, 또는 다진 생강

참깨 2스푼

고춧가루 1티스푼, 또는 취향에 따라 추가

코코넛 아미노스* 1/3컵

오븐을 220도로 예열한다.

오븐용 무쇠 프라이팬이나 스테인리스스틸 프라이팬에 기(ghee)나 코코넛 오일을 녹인다. 닭고기는 앞뒤로 소금과 후추로 간을 한 뒤 프라이팬에 껍질이 바닥에 놓이도록 담는다. 오븐에서 5~6분 정도, 또는 닭고기 표면이 갈색이 되고 바닥에 눌어붙지 않는 정도가 되도록 익힌다.

닭이 읽는 동안 작은 볼에 다진 양파와 생강, 마늘, 참깨, 고춧가루, 코코넛 아미노스, 소금과 설탕을 넣고 잘 섞는다.

닭고기를 껍질이 위로 오도록 뒤집는다. 만들어놓은 소스를 고기 위에 골고루 붓고 다시 프라이팬을 오븐에 넣는다. 30분 정도, 또는 닭고기 내부 온도가 75도가 될 때까지 굽는다.

재료 팁
* 236쪽에 추천 브랜드 목록이 나와 있다. ●

가지속 채소 없이 만들려면?
고춧가루는 빼고 만들자. ●

멕시코식 미트로프

재료 준비 25분 · 조리 시간 40~50분 · 4~6인분

견과류
달걀
가지속 채소
포드맵
해산물

소스 재료

토마토 페이스트 약 200그램

물 반 컵

빨간 피망, 잘게 썬 것 1/4컵

생고수 잎, 잘게 썬 것 1스푼

고춧가루 1/2티스푼

천일염 1/4티스푼

흑후추

미트로프 재료

코코넛 오일이나 오리 기름, 베이컨 기름 1스푼

작은 양파 1개, 잘게 다져서 준비
(반 컵 정도)

마늘 두 톨, 다지거나 가늘게 썰어서 준비

쿠민 가루, 1티스푼

고수 가루, 1티스푼

천일염, 1/2티스푼

흑후추, 1/4티스푼

당근 2개, 얇게 채 썰어서 준비

피망(아무 색이나) 1개, 얇게 채 썰거나 잘게 다져서 준비

생고수 잎, 잘게 썬 것 1/4컵

달걀 2개, 풀어서 준비

쇠고기 다짐육, 약 900그램

오븐을 190.5도로 예열한다. 오븐용 소형 식빵 틀 2개, 또는 일반 식빵 틀 1개를 준비하고 안에 유산지를 깐다.

소스부터 만든다. 작은 소스 팬을 약불과 중불 중간 정도의 불에 올리고 토마토 페이스트, 물, 피망, 고수, 고춧가루, 소금, 후추를 넣는다. 타지 않도록 한 번씩 저어주면서 5~10분간 끓인다. 소스의 양이 확 줄고 탈 것 같은 상태가 되면 물을 추가하는데, 한 번에 2스푼씩 넣으면서 재료와 어우러지도록 잘 섞는다. 소스는 케첩처럼 되직해야 하며 파스타 소스처럼 묽지 않아야 한다.

소스가 끓는 동안 미트로프를 준비한다. 중간 크기의 프라이팬을 중불과 약불 사이 정도의 불에 올리고 코코넛 기름이나 오리 기름, 베이컨 기름을 가열한다. 양파를 넣고 전체적으로 투명하면서 가장자리에 갈색 빛이 돌기 시작할 때까지 볶다가 마늘을 넣고 1분간 잘 섞으면서 볶는다.

큰 볼에 볶은 마늘과 양파를 담고 쿠민 가루, 고수 가루, 고춧가루, 설탕, 후추, 당근, 피망, 고수 잎을 넣어 잘 섞는디. 여기에 달걀과 쇠고기를 넣고 손으로 재료가 모두 골고루 섞이도록 버무려 반죽을 만든다.

미트로프 반죽을 두 덩어리로 나누어 소형 식빵 팬에 하나씩 담거나 일반 식빵 틀에 반죽을 모두 담는다. 가열하면 부피가 줄어드니 틀보다 반죽이 조금 위로 올라오도록 채운다.

소스를 소형 식빵 틀에는 1/4컵 , 일반 식빵 틀에는 반 컵 정도 붓고 일정한 두께로 덮이도록 골고루 펴 발라준다. 남은 소스는 보관해두었다가 찍어먹으면 된다.

뚜껑 등을 덮지 않고 그대로 오븐에 넣어 40~50분간(일반 식빵 틀 1개를 사용한 경우 60~70분) 또는 요리의 내부 온도가 70도에 이를 때까지 익힌다.

할라피뇨 베이컨 버거

재료 준비 15분 • 조리 시간 8–12분 • 4인분

견과류
달걀
가지속 채소
포드맵
해산물

슬라이스 베이컨 8장, 나눠서 사용

할라피뇨 고추 1개

쇠고기 다짐육(들소 고기) 또는
칠면조 다짐육 450그램

스모키 스파이스 블랜드(208쪽 참고)
1스푼

적양파, 얇게 썬 것 적당히 준비

햄버거 빵 재료

야채 팬케이크(109쪽 참고) 1개, 또는
빵 대신 사용할 수 있는 큼직한
양상추 잎(생략 가능)

그릴이나 그릴 팬을 중불과 센 불 사이의 불에 올려서
예열한다.

베이컨 슬라이스 6장을 0.3~0.4센티미터로 썬다(남은
베이컨 2장은 토핑 재료로 사용한다).

할라피뇨 고추는 세로로 길게 반을 가른 뒤 씨와 흰색
부분을 제거한다. 매운맛을 좋아하면 흰색 부분을 그냥
두고, 씨도 그냥 써도 된다. 손질한 할라피뇨는 잘게
다진다.

큰 볼에 고기와 잘라 놓은 베이컨, 스모키 스파이스
블랜드, 할라피뇨를 넣고 잘 섞는다. 반죽을 크기가
같은 덩어리로 네 개로 나눠서 패티 모양으로 만들어서
그릴이나 그릴 팬에 올린다. 한쪽 면을 5~6분 정도, 또는
즐겨 먹는 익힘 정도에 도달할 때까지 굽는다.

패티를 굽는 동안 작은 프라이팬을 중불에 올리고 베이컨
두 장을 넣어 갈색이 될 때까지 굽는다.

패티가 완성되면 베지 팬케이크를 '햄버거 빵'으로 함께
내거나 패티를 양상추에 싸서 먹는다. 맨 위에 붉은 색
양파와 구운 베이컨 조각을 올린다.

국수호박 볼로네즈

재료 준비 15분 • 조리 시간 45분 • 4인분

견과류
달걀
가지속 채소
포드맵
해산물

국수호박 1개(1.4~1.8킬로그램)

천일염, 흑후추 약간

소스 재료

베이컨 기름이나 무염버터 2스푼

양파 1개, 다져서 준비

당근 1개, 다져서 준비

셀러리 줄기 1개, 잘게 다져서 준비

마늘 1톨, 다지거나 갈아서 준비

송아지고기나 쇠고기 분쇄육 약
225그램

돼지고기 분쇄육 약 225그램

베이컨 슬라이스 4장, 잘게 썰어서
준비

지방이 모두 함유된 코코넛 밀크*
반 컵

토마토 페이스트 85그램

천일염, 흑후추 약간

재료 팁
* 236쪽에 추천 브랜드
목록이 나와 있다. ●

**가지속 채소 없이
만들려면?**
토마토 페이스트 대신
호박 통조림을 사용해서
만들어보자! ●

오븐을 190.5도로 예열한다.

국수호박은 세로로 길게 반을 가른다. 씨와 가운데 부분을
긁어낸 후 비어 있는 공간에 소금과 후추를 적당히 뿌린다.
테두리가 있는 오븐용 팬에 잘라낸 면이 아래로 가도록
담는다. 그대로 35~45분 정도, 또는 호박이 투명해지고
물렁물렁해지면서 안쪽에서 "국수"가 만들어질 때까지
굽는다. 다 익은 호박은 손으로 만질 수 있을 정도로
충분히 식힌 후 큰 볼에 국수를 긁어낸다.

호박을 굽는 동안 소스를 만든다. 큰 프라이팬을 중불과 센
불 사이의 불에 올리고 베이컨 기름이나 버터를 녹인다.
여기에 양파, 당근, 셀러리를 넣고 색이 투명해질 때까지
볶다가 마늘을 추가하고 1분 정도 더 볶는다.

송아지고기나 쇠고기, 돼지고기, 베이컨을 넣고 고기가
갈색이 되어 완전히 익을 때까지 10~12분 정도 볶는다.
다 익으면 코코넛 밀크와 토마토소스를 붓고 중불과 약불
사이에서 20~30분간 익힌다.

불을 끄기 전에 소금과 후추로 간을 한다.

국수호박 위에 소스를 얹어서 낸다.

이탈리아식 피망 요리

재료 준비 *20분* · 조리 시간 *25~35분* · 4인분

견과류
달걀
가지속 채소
포드맵
해산물

피망 2개, 반으로 잘라 심과 씨를 모두 제거해서 준비

베이컨 기름이나 코코넛 오일 1스푼

큰 양파 반 개, 다져서 준비

천일염, 흑후추

마늘 4톨, 다지거나 가늘게 썰어서 준비

생 토마토나 통조림 토마토, 작게 썬 것 반 컵

쇠고기나 들소 고기, 칠면조 고기, 닭고기 다짐육 450그램

생 바질 잎 6장, 잘게 다져서 준비
(고명으로 사용할 것 추가로 준비)

조리 팁
무쇠 재질의 조리 도구에는 산성 재료(토마토나 식초)를 사용하지 않는 것이 좋다. 재료의 산 성분이 무쇠와 반응을 하기 때문이다. 대신 에나멜 코팅이 된 무쇠 솥이나 스테인리스스틸 프라이팬, 도자기 재질의 오븐용 접시를 사용하면 된다. ●

재료를 바꿔보자
시금치 어린잎을 잘게 썰어 두 컵 준비해서 고기에 추가하자. ●

가지속 채소 없이 만들려면?
피망 대신 여름 호박이나 큰 양송이버섯에 속을 채우고, 토마토는 뺀다. ●

포드맵 없이 만들려면?
양파와 마늘을 빼고, 피망 대신 호박에 속 재료를 채우자. ●

오븐을 190.5도로 예열한다.

피망을 반으로 잘라 오븐용 접시나 프라이팬에 잘린 면이 아래로 가도록 담고 10~15분간 굽는다(피망의 단단한 식감을 좋아하거나 생으로 그냥 먹고 싶으면 이 단계를 생략해도 된다).

피망을 굽는 동안 큰 프라이팬을 중불에서 센 불 사이의 불에 올리고 베이컨 기름이나 코코넛 오일을 넣는다. 양파를 넣고 소금과 후추를 뿌린 후 전체적으로 투명하면서 가장자리에 약간 갈색이 돌 때까지 볶는다. 양파가 다 익으면 불을 중불로 줄이고 마늘과 토마토를 추가한 후 2분 정도 더 볶는다.

고기를 넣고 완전히 익을 때까지 볶는다. 다 익으면 맛을 보고 소금과 후추로 간을 한다. 마지막으로 바질을 넣는다.

피망은 아주 살짝 연해졌을 때 오븐에서 꺼낸다. 뒤집어서 놓고, 만들어놓은 속 재료를 숟가락으로 떠서 채운다. 다 채우고 나면 그대로 먹거나 다시 오븐에 넣어 15~20분 정도 더 익힌다. 추가로 익히면 피망과 속 재료의 맛이 더욱 잘 어우러진다. 바질 잎을 고명으로 얹어서 낸다.

이 요리는 미리 만들어서 냉장 또는 냉동 보관해두었다가 다시 데워 먹어도 된다.

2가지 맛 고기 피자

재료 준비 30분 · 조리 시간 40분 · 4〜6인분

견과류
달걀
가지속 채소
포드맵
해산물

재료 팁

* 236쪽에 추천 브랜드 목록이 나와 있다. ●

조리 팁

구운 마늘은 다음과 같이 만든다. 마늘 1통을 준비하고 아랫부분을 전체적으로 잘라낸다. 잘린 면에 요리용 기름을 2스푼 끼얹는다. 알루미늄 호일로 마늘을 단단히 감싼 다음 오븐에 넣고 175 도에서 40분 정도 익힌다. ●

피자 도우 재료

쇠고기 다짐육 450그램

돼지고기 다짐육 450그램

달걀 2개, 풀어서 준비(생략 가능)

아몬드 가루, 시판 제품* 또는 직접 만든 것(225쪽 참고) 2스푼 (생략 가능)

마늘 과립 2티스푼

양파 가루 2티스푼

말린 오레가노 2티스푼

회향 씨앗, 분쇄한 것 1티스푼 (생략 가능)

천일염 2티스푼

흑후추 1티스푼

토핑 재료

(이 토핑은 다른 요리에도 마음껏 활용할 수 있다!)

마늘 1통, 통째로 구운 뒤 으깨서 준비 ('조리 팁'참고)

토마토 큰 것 1개, 얇게 썰어서 준비

아티초크 하트, 얇게 썬 것 1/4컵

검은색 올리브, 씨 제거하고 얇게 썬 것 1/4컵

코코넛 오일이나 기(ghee), 2스푼

주키니 호박 작은 것 1개, 얇게 썰어서 준비

가지 작은 것 1개, 얇게 썰어서 준비

피망 작은 것 1개, 얇게 썰어서 준비

말린 오레가노, 고명으로 1스푼

디톡스 레벨 1과 2는 취향대로 치즈 추가

오븐을 175도로 예열한다.

구운 마늘을 토핑 재료로 사용할 경우 다 굽는 데 40분 정도 걸리므로 오븐을 예열하면서 오븐에 마늘을 굽는다. ('조리 팁'참고)

도우는 다음 순서로 만든다. 볼에 쇠고기와 돼지고기, 달걀, 아몬드 가루(사용할 경우), 마늘 과립, 양파 가루, 오레가노, 회향, 소금, 후추를 넣고 골고루 섞는다.

섞인 재료를 약 225그램씩, 네 덩어리로 나눈다. 덩어리마다 지름 6인치(약 15센티미터), 두께 0.5〜0.6센티미터가 되도록 납작하게 빚는다. 테두리가 있는 오븐 팬에 담고 15〜20분 정도, 또는 고기가 완전히 익을 때까지 굽는다. 다 익으면 오븐에서 꺼내서 따로 둔다.

도우가 익는 동안 토핑을 준비한다. 야채 재료(주키니 호박, 가지, 피망)를 구워서 올릴 경우 그릴이나 그릴 팬에 코코넛 오일을 붓으로 바르고 중불과 센 불 사이의 불에서 예열한다. 그 위에 야채를 올리고 한 면을 3분 정도 굽는다.

오븐 온도를 220도로 올린다. 고기 도우 위에 토핑을 취향대로 올리고 다시 오븐에 넣어 5〜10분 정도, 또는 야채가 약간 연해질 때까지 굽는다.

사진에 나온 토핑 설명 :
토마토 슬라이스, 구운 가지, 구운 피망(위)
구운 마늘, 구운 호박, 아티초크 하트 슬라이스, 검은색 올리브(아래, 가지속 채소 없이 만든 예)

쇠고기 발사믹 조림

재료 준비 5분 · 조리 시간 8시간 · 4인분

소갈비 1.4~1.8킬로그램, 또는 스튜나 구이용 뼈 없는 쇠고기 900그램

마늘 큰 것 5~6톨, 껍질 벗긴 후 으깨서 준비

양파 중간 크기 1개, 굵직하게 썰어서 준비

당근 큰 것 4개, 껍질 벗기고 얇게 썰어서 준비

잘게 썬 토마토 통조림 1개(14.5 온스)

물 1/4컵

발사믹 식초 1/2컵

천일염 1/2티스푼, 또는 입맛에 따라 추가

흑후추 1/2티스푼, 또는 입맛에 따라 추가

사이드 메뉴 아이디어
허브를 더한 으깬 컬리플라워 (190쪽 참고) 요리와 아주 잘 어울린다.

슬로우 쿠커에 재료를 전부 다 넣고 낮은 온도에서 8시간 이상 익힌다. 고기가 포크로 쉽게 떼어질 정도로 익히면 된다. 맛을 보고 소금과 후추로 간을 한다.

슬로우 쿠커 대신 오븐을 사용해도 된다. 오븐을 92도 정도로 예열하고, 에나멜 코팅이 된 무쇠 냄비에 재료를 모두 넣은 뒤 6시간 정도, 또는 포크로 누르면 고기가 분리될 때까지 푹 익힌다.

그리스식 미트볼과 샐러드

재료 준비 15분 • 조리 시간 25분 • 3–4인분

양고기나 쇠고기, 칠면조 고기 다짐육
450그램

마늘 큰 것 한 톨, 다지거나 갈아서 준비

레몬 1개, 껍질 잘게 갈아서 준비

말린 오레가노 1/2티스푼

마늘 과립 1/4 티스푼

천일염 1/2티스푼

흑후추 1/4 티스푼

레몬 1개, 동그란 모양으로 얇게 썰어서
준비

엑스트라 버진 올리브유 1~2스푼

샐러드 재료

로메인 상추 1통, 또는 가운데 부분만
떼어낸 것 2덩이

아티초크 하트, 냉동 또는 통조림 제품
해동 후 물기 제거한 것, 1컵

토마토 큰 것 1개, 얇게 썰어서 준비

검은색 올리브, 씨 제거하고 반으로 자른
것 1/4컵

레몬 1개, 즙내서 준비(미트볼 재료에서
껍질을 잘게 갈고 남은 것 사용)

엑스트라 버진 올리브유 1/4컵

말린 오레가노 1티스푼

견과류
달걀
가지속 채소
포드맵
해산물

**가지속 채소 없이
만들려면?**
토마토는 빼고
만들자. ●

오븐은 205도로 예열한다.

볼에 고기와 마늘, 레몬 껍질, 오레가노,
마늘 과립, 소금, 후추를 넣고 양념을 골고루
섞어준다. 소금이 고기에 충분히 배도록
버무려서 반죽을 만든다.

반죽을 조금씩 떼어서 미트볼을 9개 내지 12
개 정도 만들고 오븐용 팬 위에 올린다. 레몬
슬라이스도 미트볼 가까이에 군데군데 올린다.

팬을 오븐에 넣고 20~25분 정도, 또는

미트볼이 완전히 익어서 가운데만 살짝
분홍색이 비칠 때까지 굽는다.

엑스트라 올리브 오일을 위에 뿌려서 낸다.

샐러드 재료로 식탁용 큼직한 볼에 상추를
넣고 아티초크 하트와 토마토 슬라이스,
올리브를 위에 얹는다. 작은 볼에 레몬즙과
올리브유, 오레가노를 넣어 섞은 뒤 샐러드
위에 붓는다.

"""

생강과 마늘이 들어간 쇠고기 브로콜리 구이

재료 준비 15분 • 조리 시간 10분 • 3~4인분

견과류
달걀
가지속 채소
포드맵
해산물

절임 양념 재료

코코넛 아미노스* 1/4컵

피쉬소스* 2~3방울

셜롯, 잘게 다진 것 2스푼

파, 얇게 썬 것 2스푼

다진 생강 1/2티스푼

마늘, 다지거나 간 것 1티스푼

천일염 1/2티스푼

흑후추 1/2티스푼

뼈를 발라낸 쇠고기 옆구리살
(스커트 스테이크) 450그램

브로콜리 큰 것 1송이, 1~2인치
크기로 잘라서 준비

코코넛 오일이나 기(ghee) 1티스푼

고명 재료 (생략 가능)

참깨 1스푼

가늘게 채 썬 적양배추 1/4컵

얇게 썬 파 1/4컵

재료 팁
* 236쪽에 추천 브랜드
목록이 나와 있다. ●

사이드 메뉴 아이디어
이 요리는 고수 컬리플라워
밥(184쪽 참고)과 잘
어울린다. ●

볼에 양념장 재료를 모두 넣고 잘 저어준다.

쇠고기를 도마 위에 올리고 먼저 결을 따라 약 4인치
길이로 자른다. 그리고 1/4인치 씩 결의 반대 방향으로
다시 잘라서 길고 넓적한 모양으로 손질한다.

얕고 큰 냄비에 고기를 넣고 양념장 재료를 붓는다. 고기를
뒤집어서 뒷면에도 양념을 묻히고 10분간 양념이 배도록
그대로 둔다.

고기를 절이는 동안 냄비에 물을 1인치 높이로 담고
찜기를 넣어 가열한다. 찜기 위에 브로콜리를 올려
8~10분간, 또는 녹색이 선명해지고 아직 약간 단단한
느낌이 남아 있을 때까지 찐다. 다 익은 브로콜리는 채에
담아서 물기를 모두 제거한다.

큰 프라이팬을 중불과 센 불 사이의 불에 올리고 코코넛
오일이나 기(ghee)를 녹인다. 스테이크를 양념장과 함께
팬에 붓고 한 면당 1분, 또는 고기가 완전히 익을 때까지
굽는다. 고기가 거의 익어갈 때쯤 브로콜리를 넣고 고루
섞어서 열이 고루 전달되도록 한다.

참깨, 적양배추, 파를 고명으로 올려서 낸다.

양상추 컵에 담은 아삭아삭 커리 비프

재료 준비 **15분** • 조리 시간 **25분** • **3~4인분**

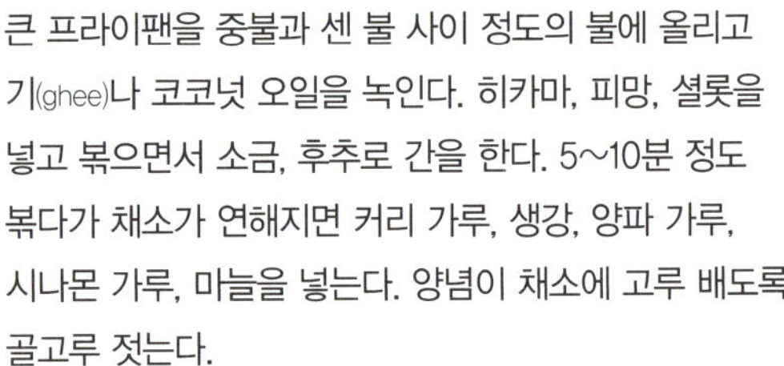

견과류
달걀
가지속 채소
포드맵
해산물

기(ghee)나 코코넛 오일 1스푼

히카마, 잘게 썬 것 1컵

피망, 잘게 썬 것 1/2컵

셜롯, 다진 것 2스푼

천일염, 흑후추 약간

커리 가루 2스푼

생강가루 1/4티스푼 또는 다진
생강 1/2티스푼

양파 가루 1/2티스푼

시나몬 가루 1티스푼

마늘 1톨, 다지거나 갈아서 준비

지방이 그대로 함유된 코코넛
밀크* 1/4컵

쇠고기 다짐육 450그램

라임 1개, 즙내서 준비

생고수 잎, 잘게 썬 것 1/4컵

버터헤드 상추 또는 비브 상추
(양상추처럼 공 모양이고, 잎이 약간
느슨하게 겹쳐진 상추 – 역주) **1뿌리**

라임 1개, 웨지 모양으로 잘라서
준비 (고명)

고명 재료 (생략 가능)
얇게 썬 적양배추 1/4컵

얇게 썬 파 1/4컵

생 바질 잎

큰 프라이팬을 중불과 센 불 사이 정도의 불에 올리고
기(ghee)나 코코넛 오일을 녹인다. 히카마, 피망, 셜롯을
넣고 볶으면서 소금, 후추로 간을 한다. 5~10분 정도
볶다가 채소가 연해지면 커리 가루, 생강, 양파 가루,
시나몬 가루, 마늘을 넣는다. 양념이 채소에 고루 배도록
골고루 젓는다.

5분 정도 더 볶은 뒤 코코넛 밀크를 넣고 저어준다. 여기에
쇠고기를 추가하고 채소, 양념과 잘 섞는다. 5~8분 정도,
또는 고기가 갈색으로 변하고 완전히 익을 때까지 익힌다.
양념 맛을 보고 소금과 후추로 간을 한다.

불을 끄기 직전에 라임즙과 고수 잎을 추가하고 고루
버무린다.

버터헤드 상추나 비브 상추를 "컵"처럼 사용하여 볶은
재료를 담고, 썰어놓은 라임을 올리고 다른 고명도 원하는
만큼 올려서 낸다.

재료 팁
* 236쪽에 추천 브랜드 목록이 나와 있다.

먹고 남은 요리 활용법
남은 쇠고기 볶음은 다음 날 아침에 프리타타로 만들어 먹을
수 있다. 오븐용 프라이팬에 모두 옮겨 담고, 따로 풀어둔
계란을 그 위에 붓는다. 팬째로 오븐에 넣어 175도에서
20–30분 정도, 또는 계란이 단단해질 때까지 익힌다.

셰퍼드 파이

재료 준비 10분 • 조리 시간 50분 • 4–6인분

견과류
달걀
가지속 채소
포드맵
해산물

컬리플라워 중간 크기 1개

무염버터나 기(ghee), 기타 요리용 기름 2스푼

천일염, 흑후추 약간

베이컨 슬라이스 6장, 1/2인치 길이로 잘라서 준비

당근, 잘게 썬 것 3/4컵 (큼직한 것으로 2개 정도)

마늘 2~3톨, 다지거나 갈아서 준비

양고기나 쇠고기 분쇄육 900그램

세이지 잎 1~2장, 잘게 다져서 준비

시나몬 가루 1/4티스푼

완두콩 1컵(냉동 제품은 해동해둘 것)

탄수화물이 더 필요하다면?
고구마를 2~3개 구운 다음 으깨서 컬리플라워 대신 토핑으로 사용하자. ●

오븐을 190.5도로 예열한다.

컬리플라워를 2인치 크기로 큼직하게 자른다. 냄비에 물을 1인치 높이로 담고 위에 찜기를 올린다. 찜기에 컬리플라워를 담고 포크로 찌르면 들어갈 정도로 10분 정도 찐다. 찐 컬리플라워는 온기가 남아 있을 때 푸드프로세서에 넣고 버터나 기(ghee) 등 식용 유지를 추가하여 퓌레로 만든다. 소금과 후추로 간을 한다.

큰 프라이팬을 중불에 올리고 베이컨을 굽는다. 5분쯤 지나 베이컨이 반쯤 익었을 때 잘게 썬 당근을 넣고 소금, 후추를 약간 넣는다. 그대로 몇 분 더 볶다가 마늘과 고기를 넣는다.

고기가 갈색이 되고 당근이 완전히 익으면 세이지와 시나몬 가루를 넣고 골고루 섞는다.

오븐용 접시(파이용 팬이나 가로세로 9인치 크기의 오븐용 접시)에 볶은 고기를 담는다. 위에 완두콩을 평평하게 한 층 올리고, 다시 그 위에 컬리플라워 퓌레를 올려서 오븐에서 20분 정도 굽는다.

윗부분을 노릇하게 구우려면 팬을 오븐 위쪽에 올리고 요리가 오븐의 열선에 최대한 가까이 닿도록 한 뒤 5~10분 정도 구우면 된다. 이때 타지 않도록 지켜봐야 한다.

양고기 초리조 칠리

재료 준비 *20분* • 조리 시간 *2~3시간* • *3~4인분*

견과류
달걀
가지속 채소
포드맵
해산물

초리조 소시지 재료

(자연 재료로 만들어진 초리조 소시지
제품 450그램으로 대체 가능)

**돼지고기 또는 칠면조 고기 다짐육
450그램**

초리조 스파이스 블랜드(220쪽
참고) **2스푼**

애플사이다 식초 1.5스푼

칠리 재료

베이컨 기름이나 기(ghee)**, 코코넛
오일 1스푼**

**양파 중간 크기 1개, 잘게 다져서
준비**

피망 2개, 잘게 다져서 준비

당근 큰 것 2개, 잘게 다져서 준비

천일염, 흑후추 약간

**다진 마늘이나 가늘게 썬 마늘
2티스푼**

작게 썬 토마토 통조림, 한 개(14.5
온스)

양고기 다짐육, 450그램

앤초 칠리 가루 1티스푼(생략 가능)

치포틀레 고춧가루 3스푼

고수 가루 1티스푼

쿠민 가루 2티스푼

4가지 기본 재료로 만든 과카몰리
(197쪽 참고)

오븐을 220도로 예열한다.

초리조 만들기: 볼에 고기를 담고 스파이스 블랜드를
골고루 뿌린 뒤 양념이 골고루 배도록 손으로 조금씩
버무린다. 식초를 추가하고 잘 섞는다. 큼직하게 자른
랩 위에 반죽의 1/4을 떼어서 올리고, 돌돌 말아서 길쭉한
원통 모양을 만들어서 단단히 감싼다. 쿠키 반죽이나
김밥을 말 때와 같은 형태로 말면 된다. 모양이 잡히면
랩을 제거하고 테두리가 있는 오븐용 팬에 반죽을 올린다.
나머지 반죽도 같은 방식으로 긴 원통 모양을 3개 더
만든다(총 4개). 팬을 오븐에 넣고 25~30분간 굽는다.
다 익은 초리조는 식힌 후 0.5센티미터 두께로 썬다.

칠리 만들기: 에나멜 코팅된 무쇠 냄비나 식재료와 닿아도
반응하지 않는 재질의 냄비를 중불에 올리고 베이컨
기름이나 기(ghee), 코코넛 오일을 녹인다. 여기에 양파와
후추, 당근을 넣고 볶으면서 소금, 후추로 간을 한다. 가끔
저어주면서 야채가 물러질 때까지 10분 정도 볶는다.

호박과 마늘을 넣고 골고루 섞는다. 그 상태로 5분간
더 익힌 뒤 토마토와 양고기, 고춧가루, 고수 가루, 쿠민
가루를 넣고 고기를 잘게 부수면서 재료가 모두 섞이도록
젓는다. 고기가 다 익으면 초리조를 넣고 섞어준다.

약불에서 1~2시간 더 끓이면 맛이 고루 섞인 칠리가
완성된다(조리 시간은 취향이나 한정된 시간에 따라 조절할 수 있다).

'4가지 기본 재료로 만든 과카몰리' 1스푼과 함께 낸다.

슬로우 쿠커로 조리할 경우
초리조 소시지를 먼저 만들자. 칠리 재료를 모두 슬로우
쿠커에 담고 저온으로 맞춘 뒤 8시간 정도 익힌다. ●

아시아식 미트볼

재료 준비 **15분** · 조리 시간 **25분** · **4인분**

견과류
달걀
가지속 채소
포드맵
해산물

코코넛 아미노스* 3스푼

피쉬소스 2~3방울(생략 가능)*

얇게 썬 파 1/4컵

마늘, 다지거나 간 것 1티스푼

다진 생강 1/2티스푼

천일염 1/2티스푼

흑후추 1/2티스푼

돼지고기 또는 칠면조 고기 다짐육
450그램

참깨 1티스푼(고명으로 사용)

라임 1개, 웨지 모양으로 잘라서 준비
(고명으로 사용)

오븐을 220도로 예열한다.

볼에 코코넛 아미노스와 피쉬소스(사용하는 경우), 파, 마늘, 생강, 소금, 후추를 넣고 섞는다. 고기를 넣고 양념이 고루 배도록 잘 섞어준다. 반죽을 28그램 정도씩 떼어서 미트볼 16개를 만든다.

테두리가 있는 오븐용 팬에 미트볼을 올리고 25분간 굽는다. 다 익은 미트볼은 오븐에서 꺼내고 참깨, 라임을 얹어서 낸다.

사진은 '양배추 청경채 샐러드(183쪽 참고)'와 함께 낸 모습이다.

재료 팁
* 236쪽에 추천 브랜드 목록이 나와 있다. ●

두 겹 돼지고기 안심 요리

재료 준비 15분 · 조리 시간 10~5분 · 4인분

이탈리안 소시지 스파이스 블랜드
(220쪽 참고) **2스푼**

돼지고기 안심 약 680그램 (2덩어리 정도)

베이컨 슬라이스 10~12장

포드맵 없이 만들려면?
이탈리안 소시지 스파이스 블랜드를 빼고 대신 돼지고기를 세이지와 회향, 소금, 후추로 양념하면 된다. ●

오븐을 190.5도로 예열한다.

스파이스 블랜드를 고기에 문질러서 앞뒤에 고루 배도록 한다. 베이컨으로 안심을 감싸고 양 끝이 아래로 오도록 단단히 만다.

요리용 실을 베이컨 슬라이스의 개수만큼 15센티미터 길이로 잘라서 베이컨 둘레에 묶어서 형태를 고정시킨다.

무쇠 프라이팬이나 오븐 사용이 가능한 프라이팬을 중불에 올려서 가열한다. 팬이 뜨거워지면 안심을 올려서 방향을 뒤집어가며 2분 정도, 베이컨이 갈색이 될 때까지 굽는다.

팬을 오븐에 넣고 10~15분간, 또는 돼지고기 내부 온도가 최소 62도가 될 때까지 익힌다.

시나몬 향이 나는 돼지갈비 구이

재료 준비 5분 • 조리 시간 10–15분 • 4인분

시나몬 가루 1/2티스푼

마늘 과립 1/2티스푼

천일염 1/2티스푼

흑후추 1/2티스푼

뼈 있는 돼지갈비 900그램 또는 뼈 없는 돼지갈비 약 680그램

베이컨 기름이나 코코넛 오일 2스푼

오븐을 205도로 예열한다.

큰 무쇠 프라이팬이나 그 외 오븐 사용이 가능한 프라이팬을 중불에 올려 가열한다.

팬이 뜨거워지는 동안 돼지갈비를 준비한다. 먼저 작은 볼에 시나몬 가루와 마늘 과립, 소금, 후추를 넣고 섞는다. 갈비 양쪽에 베이컨 기름이나 코코넛 오일을 붓으로 바르고 양념을 골고루 뿌린다.

돼지갈비를 팬에 올려 한 면당 2~3분 정도 (고기 두께가 2센티미터 미만인 경우 1~2분) 굽는다. 팬을 오븐에 넣고 5~10분간, 또는 고기 내부 온도가 최소 62도가 될 때까지 익힌다. 익는 시간은 돼지갈비의 두께에 따라 달라지므로, 얇은 고기는 과하게 익히지 않도록 주의해야 한다.

사진은 '크럼블 올린 방울양배추(193쪽)'와 함께 내고 고기 위에 크럼블을 뿌린 모습이다. 견과류 없이 만들고 싶다면 크럼블을 빼면 된다.

해산물 초리조 빠에야

재료 준비 20분 • 조리 시간 60분 • 4인분

견과류
달걀
가지속 채소
포드맵
해산물

초리조 소시지 재료

(자연 재료로 만들어진 초리조 소시지
제품 450그램으로 대체 가능)

**돼지고기 또는 칠면조 고기 다짐육
450그램**

초리조 스파이스 블랜드(220쪽 참고)
2스푼

애플사이다 식초 1.5스푼

컬리플라워 "밥"재료

컬리플라워 중간 크기 1개
("밥"4~5컵 분량)

뼈 육수(닭 뼈 육수, 224쪽 참고)

사프란 약간

기(ghee)**나 베이컨 기름, 무염버터
또는 코코넛 오일 1스푼**

적양파, 잘게 다진 것 1/2컵

**오렌지색 피망, 잘게 다진 것
1/2컵**

붉은색 피망, 잘게 다진 것 1/2컵

마늘, 다지거나 간 것 1티스푼

대합조개 12개

홍합 24개

**큰 새우나 대하 12마리, 껍질과
내장 제거한 것**

**고명으로 사용할 삶은 완두콩
1/4컵** (생략 가능)

**고명으로 사용할 레몬 1개, 세로로
4등분해서 준비**

리조 만들기: 볼에 고기를 담고 스파이스 블랜드를 골고루
뿌린 뒤 손으로 조금씩 반죽하면서 양념이 골고루 배도록
한다. 식초를 추가하고 잘 섞는다. 큼직하게 자른 랩 위에
반죽의 1/4을 떼어서 올리고, 돌돌 말아서 길쭉한 원통이
되도록 단단히 감싼다. 쿠키 반죽이나 김밥을 말 때와
같은 형태로 말면 된다. 모양이 잡히면 랩을 제거하고
테두리가 있는 오븐용 팬에 반죽을 올린다. 나머지 반죽도
같은 방식으로 긴 원통 모양을 3개 더 만든다(총 4개). 팬을
오븐에 넣고 25~30분간 굽는다. 다 익은 초리조는 식힌
후 썰어서 따로 담아둔다.

컬리플라워 밥 만들기: 꽃송이를 모두 작게 분리해서 잘게
썰거나 푸드 프로세서에 넣고 분쇄한다. 완성되면 따로
담아둔다(푸드 프로세서가 없어도 직접 분쇄할 수 있다. 컬리플라워
꽃송이 부분을 4등분해서 강판에 갈면 된다).

사프란 준비하기: 작은 소스 냄비에 닭 육수를 붓고 중불에
데운다. 사프란을 육수에 넣고 10분 정도 가열하면 색깔이
진한 오렌지색으로 변한다.

커다란 프라이팬이나 에나멜 코팅된 무쇠 볶음용 팬, 또는
빠에야 전용 팬을 중불에 올리고 기(ghee)를 녹인다. 양파와
피망을 넣어서 양파가 투명해지고 살짝 갈색이 돌 때까지
5분 정도 볶는다. 마늘을 넣고 골고루 섞은 뒤 사프란 넣은
육수를 붓는다.

잘게 썬 컬리플라워와 마늘을 넣고 잘 섞이도록 저어준다.
불을 중불에서 약불 사이로 줄이고 새우를 추가한 후
5~6분 정도 끓인다. 한 번씩 저어주면서 새우가 붉은
색으로 변하고 컬리플라워가 다 익되 죽처럼 퍼지지 않을
때까지 익힌다.

"밥"이 익는 동안 조개를 준비한다. 커다란 냄비에 물을
1인치 높이로 담고 센 불에 올려 뚜껑을 닫고 팔팔 끓인다.
물이 끓으면 맨 밑에 대합조개를 깔고 그 위에 홍합을
담는다. 껍질이 벌어질 때까지 끓인 뒤, "밥"이 완성되면

조개를 하나씩 꺼내서 위에 올린다(홍합은 5분 정도, 대합조개는 10~12분 정도 익히면 껍질이 벌어진다).

컬리플라워 "밥"과 해산물이 담긴 팬에 썰어놓은 초리조도 함께 올리고 취향에 따라 완두콩, 레몬 조각도 함께 올린다.

팬에 담지 못한 조개는 각자 덜어 먹을 수 있도록 따로 담아서 함께 낸다.

참깨와 라임이 들어간 매콤 연어

재료 준비 5분 · 조리 시간 10~12분 · 4인분

기(ghee)나 코코넛 오일, 녹인 것
2스푼

야생 연어, 살코기(휠렛) 4조각(110~170그램)

매콤 참깨 생강 드레싱(216쪽 참고) 4스푼

참깨 2스푼

라임 1개, 웨지 모양으로 잘라서 준비

고춧가루 1스푼 (생략 가능)

견과류
달걀
가지속 채소
포드맵
해산물

조리 팁

생선 요리라면 겁부터 먹는 사람들이 많지만, 사실 생선은 가장 손쉽게 단백질을 섭취할 수 있는 재료에 속한다! 가정에서 맛있는 생선 요리를 만들 때 명심해야 할 4가지 팁을 소개한다.

❶ 간단하게 만들자. 기본적인 양념과 레몬만 약간 사용해도 대부분 최고의 음식이 나온다.

❷ 익히는 시간은 자신의 생각보다 짧게 잡아야 한다. 대부분의 생선은 다 익는 데 15분이 채 안 걸린다. 평일 저녁에 간편하게 먹을 수 있는 단백질 요리로 그만인 이유이기도 하다.

❸ 형편이 되는 범위에서, 가장 신선한 생선을 구입하자. 생선은 비려서 싫다고 이야기하는 사람들은 냉동 생선이나 한 번 얼렸다기 녹인 생선만 먹어본 경우가 많다.

❹ 야생에서 포획된 신선한 생선을 사서 구입한 당일에 요리하면 지독한 비린내 걱정 없이 맛좋은 생선 요리를 즐길 수 있다. ●

오븐을 175도로 예열한다.

오븐 사용이 가능한 팬을 준비하고 생선이 놓일 자리에 기(ghee)나 코코넛 오일을 붓으로 발라준다. 그리고 기름이 발라진 곳에 연어를 담는다.

생선 조각마다 '매콤 참깨 생강 드레싱'한 스푼을 표면에 바르고, 참깨 1/2스푼을 골고루 뿌린다.

팬을 오븐에 넣고 10~12분간, 또는 연어가 옅은 분홍색이 될 때까지 익힌다.

다 익은 생선 위에 라임을 짜서 즙을 뿌리고 취향에 따라 고춧가루를 뿌린다.

사진은 '오이 냉국수 샐러드(182쪽 참고)'와 함께 낸 모습이다.

아몬드와 타임을 곁들인 가자미 구이

재료 준비 5분 • 조리 시간 8~10분 • 4인분

코코넛 오일이나 무염버터, 녹인 것 2
스푼

가자미나 기타 흰 살 생선 살(필렛) 900
그램

천일염, 흑후추 약간

레몬 1개, 반으로 잘라서 준비

아몬드 슬라이스 1/4컵

생타임 3~5 줄기

구이용 그릴을 오븐 맨 위칸으로 옮기고
고온에서 예열한다.

테두리가 있는 오븐 팬에 올리브 오일이나
버터를 붓으로 충분히 바르고, 그 위에 생선을
올린다. 생선 윗면에도 기름을 바른다.

생선 위아래 모두에 소금과 후추로 적당히
간을 한다. 레몬 1/2개를 짜서 즙을 뿌리고,
아몬드 슬라이스를 뿌린다. 남은 레몬
1/2개는 반달 모양으로 얇게 썰어서 아몬드
위에 올린다.

타임도 생선 위에 올린 뒤 팬을 오븐에 넣는다.
생선 두께에 따라 8~10분 정도, 또는 생선이
전체적으로 불투명한 흰색이 될 때까지
익힌다.

케이퍼와 올리브 타프나드를 올린 연어 구이

재료 준비 10분 · 조리 시간 10~12분 · 4인분

견과류
달걀
가지속 채소
포드맵
해산물

기(ghee)나 코코넛 오일, 녹인 것
1스푼

야생 연어, 살코기(휠렛) 4 조각
(110~170그램)

천일염, 흑후추 약간

레몬 1개, 껍질은 잘게 갈고
알맹이는 즙내서 준비, 나눠서 사용

케이퍼, 물기 제거한 것 1/2컵

씨 제거한 검은색 올리브, 1/2컵

엑스트라 버진 올리브유 1/4컵

말린 오레가노 1.5티스푼

방울토마토, 1/4등분한 것 1/2컵

조리 팁
오븐에 구이용 그릴이 따로
마련되어 있지 않은 경우,
175도에서 10~12분간
구우면 된다. ●

가지속 채소 없이
만들려면?
토마토는 빼고 만들자. ●

사이드 요리 아이디어
찐 깍지콩이나 다른 녹색
채소에 얇게 썬 올리브와
레몬 껍질 잘게 간 것,
엑스트라 오일을 끼얹어서
함께 낸다. ●

구이용 그릴을 오븐 맨 위칸으로 옮기고 저온에서
예열한다.

큰 오븐 팬에 호일을 깐다. 호일에 생선이 놓일 자리마다
기(ghee)나 코코넛 오일을 붓으로 바른다. 기름이 발린 곳에
연어 조각을 놓고, 소금과 후추로 적당히 간을 한 뒤 잘게
간 레몬 껍질과 레몬즙을 준비한 분량의 절반 정도 뿌린다.

팬을 오븐에 넣고 10~12분간, 또는 연어가 옅은 분홍색이
될 때까지 익힌다.

연어를 굽는 동안 푸드 프로세서에 케이퍼와 올리브,
올리브유, 남은 레몬 껍질과 즙, 오레가노, 천일염과 후추
약간을 넣고 몇 번 돌려서 곱게 갈아서 타프나드를 만든다.
완성되면 따로 담아둔다.

다 익은 연어는 오븐에서 꺼내어 접시에 담고 그 위에
케이퍼, 올리브를 넣어 만든 타프나드와 방울토마토를
올려서 낸디.

새우 팟타이

재료 준비 **15분** • 조리 시간 **10분** • **4인분**

주키니 호박이나 노란 호박,
큰 것 4개

깍지완두, 세로로 가늘고 길게
자른 것 1컵

큼직한 대하 48마리, 껍질과 내장
제거한 것

소스 재료

아몬드 버터(생아몬드 또는 구운
아몬드)* 1/2컵

코코넛 아미노스* 1/2컵

피쉬소스* 4방울

마늘, 다지거나 간 것 1/2티스푼

다진 생강 1/4티스푼

천일염, 흑후추 약간

고명 재료

참깨 1스푼

얇게 썬 파 1/4컵

얇게 썬 오이 1/4컵

견과류
달걀
가지속 채소
포드맵
해산물

큰 냄비에 물을 1인치 높이로 채우고 찜기를 넣은 뒤
뚜껑을 덮는다. 센 불에 올리고 팔팔 끓인다.

물이 끓는 동안 손에 쥐고 쓰는 채칼이나 나선형 슬라이서,
또는 채소 껍질 벗길 때 쓰는 일반적인 칼로 주키니
호박이나 노란 호박을 국수 모양으로 깎는다(일반 칼을
사용하면 면이 굵고 넓적해진다). 국수는 총 4컵 분량이 나와야
한다. 물이 끓으면 면을 찜기에 올려 3분간 익힌다.
다 익은 면은 채반에 받쳐서 물기를 제거하고 살짝 식힌다.
잘게 썬 깍지콩을 면 위에 올려둔다.

냄비에 물을 담고 찜기를 올려 가열하고, 물이 끓으면
새우를 넣고 4~5분 정도, 또는 새우가 전체적으로
붉은색이 될 때까지 익힌다. 익는 시간은 새우 크기에 따라
조절한다.

작은 볼에 소스 재료를 모두 넣고 골고루 섞는다.

큰 프라이팬에 면과 깍지콩, 소스, 새우를 담고 중불에
올린다. 적당히 섞으면서 추기로 익힌다.

참깨와 파, 얇게 썬 오이를 고명으로 올려서 낸다.

재료 팁
* 236쪽에 추천 브랜드 목록이 나와 있다. ●

조리 팁
괜찮은 도구를 사용하면 호박 국수를 손쉽게 만들 수 있다.
설탕 디톡스 21일 웹 사이트에서 추천 제품을 확인할 수 있다
(balancedbites.com/21dsd). ●

치즈 맛 허브 아몬드 스프레드 바른 오색 콜라드 랩

재료 준비 20분 • 4인분

견과류
달걀
가지속 채소
포드맵
해산물

치즈 맛 허브 아몬드 스프레드
(194쪽 참고) 1컵

콜라드 그린, 큰 것 8장

칠면조 가슴살이나 닭 가슴살*
450그램, 얇게 썰어서 준비

얇게 썬 붉은색 피망 1/2컵

얇게 썬 적양배추 1/2컵

채 썬 비트 1/2컵

채 썬 당근 1/2컵

얇게 썬 파 1/4컵

먹고 남겨둔 허브 아몬드 "치즈"스프레드가 1컵까지 준비되어 있지 않으면 새로 만들자. 아몬드는 8시간 정도 불려서 사용해야 하므로 샌드위치를 만들기 전에 스프레드가 충분히 있는지부터 확인해야 한다.

케일을 도마 위에 놓고 줄기를 제거하되, 윗부분의 잎이 찢어지지 않도록 주의한다.

케일을 옆으로 나란히 길게 놓는다. 서로 조금씩 겹쳐지도록 놓고, 잎마다 칠면조 고기나 닭고기 조각을 2~3개씩 올리고 허브 아몬드 "치즈"스프레스 2스푼을 고기 위에 펴서 바른다. 그 위에 야채를 올린다.

1장씩 부리또 모양으로 돌돌 만다. 아래를 1번 접고, 양쪽 옆 부분을 안으로 접은 뒤 아래부터 돌돌 말면 된다. 내용물이 속에 단단히 감싸지도록 만든다.

랩에 싸서 식사 시간이 될 때까지 냉장보관한 뒤 1명이 2개씩 먹을 수 있도록 낸다.

재료 팁

* 236쪽에 추천 브랜드 목록이 나와 있다. ●

가지속 채소 없이 만들려면?
랩 샌드위치를 만들 때 피망은 빼고 만들자. ●

참치 샐러드 랩

재료 준비 15분 · 4인분

견과류
달걀
가지속 채소
포드맵
해산물

참치 통조림 4개(약 170그램)

몸에 좋은 홈메이드 마요네즈(223쪽 참고) 1/2컵

잘게 다진 셀러리 1/2컵

녹색 사과 1개, 잘게 다져서 준비

다시마 플레이크 또는 김 가루 1/4컵

천일염, 흑후추 약간

상추나 케일 등 생 녹색 잎채소 큰 것 12~16장, 줄기 제거한 것

고명으로 사용할 얇게 썬 파 1/2컵
(생략 가능)

푸드 프로세서에 참치와 마요네즈를 넣고 크림 같은 형태가 되도록 분쇄한다.

볼에 담고, 셀러리와 사과, 다시마 플레이크나 김 가루를 넣는다. 큰 숟가락으로 모든 재료가 골고루 섞이도록 비벼준다. 소금과 후추로 간을 한다.

상추나 각자 준비한 잎채소에 참치 샐러드를 똑같이 나누어서 올리고 원하는 대로 파를 추가한다.

재료 팁
* 236쪽에 추천 브랜드 목록이 나와 있다. ●

달걀 없이 만들려면?
연어에 지방 성분을 더할 수 있도록, 마요네즈 대신 엑스트라 버진 올리브유를 사용한다. 푸드 프로세서에 참치를 분쇄할 때 일단 올리브유 1/4컵 을 넣어보고, 맛을 본 뒤 취향에 따라 추가한다. ●

케이퍼와 토마토를 곁들인 연어 샐러드

재료 준비 **15분** • 6인분

견과류
달걀
가지속 채소
포드맵
해산물

연어 통조림* 4개(약 170그램)

몸에 좋은 홈메이드 마요네즈(223쪽 참고) 1/2컵

잘게 자른 토마토 1컵

케이퍼, 물기 제거한 것 1/4컵

레몬 1개, 즙내서 준비

천일염, 흑후추 약간

상추 (생략 가능)

푸드 프로세서에 참치를 분쇄할 때 일단 올리브유 1/4컵을 넣어보고, 맛을 본 뒤 취향에 따라 추가한다.

푸드 프로세서에 연어와 마요네즈를 넣고 크림 같은 형태가 되도록 분쇄한다.

볼에 담고, 토마토, 케이퍼, 레몬즙을 넣는다. 골고루 섞고 소금과 후추로 간을 한다.

완성된 샐러드는 상추에 싸서 먹거나 샐러드용 채소와 함께 먹는다. 그냥 포크로 집어먹어도 된다!

재료 팁
* 236쪽에 추천 브랜드 목록이 나와 있다. ●

달걀 없이 만들려면?
연어에 지방 성분을 더할 수 있도록, 마요네즈 대신 엑스트라 버진 올리브유를 사용한다. 푸드 프로세서에 참치를 분쇄할 때 일단 올리브유 1/4컵을 넣어보고, 맛을 본 뒤 취향에 따라 추가한다. ●

버팔로 새우가 담긴 상추 컵

재료 준비 *20분* • 조리 시간 *10분* • 4인분

견과류
달걀
가지속 채소
포드맵
해산물

새우 중간 크기 48마리, 껍질과
내장 제거한 것

핫소스* 1/4컵

코코넛 오일이나 무염버터 녹인 것
1/4컵

레몬즙 2스푼

천일염, 흑후추 약간

상추, 즐겨 먹는 종류로 1-2뿌리,
잎만 떼어내서 준비

아보카도 1-2개, 얇게 썰어서 준비

재료 팁
* 236쪽에 추천 브랜드
  목록이 나와 있다. ●

냄비에 물을 1인치 높이로 담고 찜기를 넣는다. 뚜껑을
덮고 센 불로 가열하여 팔팔 끓인다. 물이 끓으면 새우를
찜기에 넣고 5분 정도, 또는 새우가 전체적으로 붉은색과
흰색이 될 때까지 익힌다. 새우가 찜기에 모두 들어가지
않으면 두 번 나누어서 익힌다.

찐 새우는 아직 따뜻할 때 한입 크기로 자른다.

볼에 핫소스, 코코넛 오일이나 버터, 레몬즙을 넣어서 잘
섞는다.

소스가 담긴 볼에 새우를 넣어서 버무린 뒤 소금, 후추로
간을 한다. 상추를 깔고 그 위에 새우를 올린 뒤 아보카도
슬라이스를 올려서 낸다.

또띠야 없이 먹는 스모키 치킨 수프

재료 준비 30분 • 조리 시간 45분 • 4인분

견과류
달걀
가지속 채소
포드맵
해산물

코코넛 오일이나 베이컨 기름 2스푼

양파 작은 것 1개, 잘게 썰어서 준비

붉은색 피망 1개, 잘게 썰어서 준비

셀러리 줄기 2개, 잘게 썰어서 준비

포블라노 고추 1개, 구워서 껍질 벗기고 잘게 썰어서 준비('조리 팁' 참고)

천일염, 흑후추 약간

쿠민 가루 2티스푼

고수 가루 2티스푼

치포틀레 고춧가루 1/2가루

토마토 페이스트 200그램

뼈 육수 1쿼트(약 950밀리리터, 닭 뼈나 소뼈에서 우려낸 것, 224쪽 참고)

뼈와 껍질 제거한 닭고기 약 225 그램, 익힌 후 잘게 찢어서 준비

고명 재료(생략 가능)

생고수 잎 잘게 썬 것 1/4컵

아보카도 1개, 얇게 썰어서 준비

큰 수프 냄비를 중불에 올리고 코코넛 오일이나 베이컨 기름을 녹인다. 양파를 넣고 전체적으로 투명해지고 가장자리에 갈색이 돌기 시작할 때까지 볶는다. 그때 고추와 당근, 샐러리, 구운 포블라노 고추를 넣고 소금, 후추로 간을 한다. 그다음 쿠민과 고수 가루, 치포틀레 고춧가루를 넣고 재료가 잘 섞이도록 저어준다. 야채가 연해질 때까지 몇 분간 더 익힌다.

토마토 페이스트와 뼈 육수를 넣고 잘 저어준 다음 입맛에 따라 소금과 후추로 다시 간을 맞춘다. 불을 약불로 낮추고 20분 정도, 또는 맛이 고루 섞일 때까지 끓인다. 수프가 거의 완성될 때쯤 닭고기를 넣고 전체적으로 끓여준다. 맛을 보고 간을 맞춘다.

고수 잎과 아보카도 슬라이스를 고명으로 올려서 낸다.

조리 팁

포블라노 고추를 구울 때는 가스레인지를 약불로 켜고 고추를 불 위에 바로 올린다. 집게로 자주 뒤집으면서 전체적으로 새카맣게 될 때까지 굽는다. 다 구워진 고추는 볼에 담고 뚜껑을 덮어서 몇 분간 그냥 두었다가, 손으로 검게 된 껍질을 벗겨낸다. 너무 뜨거워서 손대기가 힘들면 온수를 틀어서 고추를 씻어내면서 벗겨도 되지만 이렇게 하면 고추의 풍미가 약해진다. 그러므로 적당히 식을 때까지 기다렸다가 손으로 벗기는 것이 가장 좋다. 취향에 따라 고추 씨도 그대로 사용해도 된다. 포블라노 고추는 그리 심하게 맵지 않다. ●

구운 컬리플라워 수프

재료 준비 15분 • 조리 시간 45분 • 4인분

견과류
달걀
가지속 채소
포드맵
해산물

컬리플라워 중간 크기 1개

기(ghee)나 베이컨 기름, 코코넛 오일 3스푼, 나눠서 사용

천일염과 흑후추 약간

잘게 썬 양파 1/2컵

잘게 썬 당근 1/2컵

생로즈마리 또는 기타 생허브 1티스푼

뼈 육수 3컵(닭뼈로 우려낸 것, 224쪽 참고)

고명 재료(생략 가능)

엑스트라 버진 올리브유 또는 트뤼플 오일 4티스푼

베이컨 슬라이스 2장, 구워서 잘게 썬 것

조리 팁

컬리플라워가 영 입맛에 맞지 않다면, 대신 당근을 사용해서 만들어보자. ●

탄수화물 섭취량을 늘려야 한다면?

컬리플라워 대신 버터넛 호박을 사용하자. ●

오븐을 190.5도로 예열한다.

컬리플라워를 1~2 인치 크기로 작게 썬다. 큰 오븐 팬에 컬리플라워를 담고, 기(ghee)나 베이컨 기름 또는 코코넛 오일 녹인 것 2스푼을 컬리플라워 위에 골고루 뿌린다. 기름을 컬리플라워에 골고루 묻히고 소금과 후추로 간을 한다. 팬을 오븐에 넣고 30~40분 정도, 또는 컬리플라워 가장자리에서 약간 갈색이 돌 때까지 굽는다.

컬리플라워를 굽는 동안 나머지 수프 재료를 준비한다. 수프 냄비를 중불에 올리고 기(ghee)나 베이컨 지방 또는 코코넛 오일 녹인 것의 남은 1스푼을 녹인다. 양파, 당근, 로즈마리를 볶다가 소금, 후추를 약간 넣어 간을 맞춘다. 양파가 투명해지고 당근이 연해지도록 8분 정도 볶는다. 여기에 뼈 육수를 붓고 불을 약불로 낮춘 뒤 10분간 끓인다.

구운 컬리플라워는 고명으로 쓸 분량을 반 컵에서 1 컵 정도 덜어둔다. 블랜더에 구운 컬리플라워 2컵과 끓인 육수 2컵을 넣는다. 내용물이 뜨거우면 블랜더가 돌아가면서 팽창될 수 있으므로, 너무 가득 채우지 말아야 한다. 블랜더 뚜껑을 덮고 뚜껑 가운데에 재료를 첨가할 수 있도록 만들어놓은 작은 뚜껑은 분리한다. 그 자리는 두꺼운 키친타월을 덮는다. 블랜더를 처음에는 약하게 작동시켰다가 조금씩 출력을 높여서 수프를 크림처럼 부드럽게 만든다. 컬리플라워와 육수를 전부 다 넣고 한꺼번에 갈면 블랜더에서 넘칠 수 있으므로 나눠서 갈아야 한다.

골고루 섞인 수프는 다시 수프 냄비에 붓고 저어준다. 따로 담아둔 구운 컬리플라워를 고명으로 올리고 품질 좋은 엑스트라 버진 올리브유나 트뤼플 오일, 잘게 썬 베이컨을 올려서 낸다.

간단한 시금치 마늘 수프

재료 준비 5분 • 조리 시간 10분 • 4인분

견과류
달걀
가지속 채소
포드맵
해산물

기(ghee)**나 코코넛 오일 1스푼**

마늘 2~3톨, 으깨서 준비

뼈 육수 3컵(닭뼈로 우린 것. 224쪽 참고)

손질된 시금치 3컵

아보카도 1개, 반으로 잘라서 준비

천일염, 흑후추 약간

고명 재료(생략 가능)

지방이 그대로 함유된 코코넛 밀크* 1/4컵

잘게 썬 생 골파 2스푼

재료 팁

* 236쪽에 추천 브랜드 목록이 나와 있다. ●

수프 냄비를 중불에 올리고 기(ghee)나 코코넛 오일을 녹인다. 으깬 마늘을 넣고 갈색이 돌 때까지 익히다가 뼈 육수를 붓고 끓인다. 육수가 끓으면 시금치를 넣고 연해질 때까지 1분 정도 익힌다.

냄비에 담긴 내용물의 절반을 블랜더에 붓고 아보카도 반 개를 넣는다. 블랜더 뚜껑을 단단히 덮고 뚜껑 가운데에 재료를 첨가할 수 있도록 만들어놓은 작은 뚜껑은 분리한다. 그 자리는 두꺼운 키친타월을 덮는다. 반씩 두 번에 걸쳐 블랜더로 갈아서 만든 수프는 냄비에 모두 붓고 잘 저어준다. 맛을 보고 소금과 후추로 간을 맞춘다.

1인분인 1컵씩 그릇에 담고 코코넛 밀크 1스푼과 잘게 썬 골파 반 스푼을 취향에 따라 고명으로 올려서 낸다.

미소 없는 미소 된장국

재료 준비 10분 · 조리 시간 10분 · 4인분

견과류
달걀
가지속 채소
포드맵
해산물

뼈 육수 약 950밀리리터(닭뼈로 우려낸 것, 224쪽 참고)

코코넛 아미노스* 2스푼

피쉬소스* 3방울

잘게 썬 어린 청경채 1컵(2뿌리 정도)

익힌 새우 약 225그램, 잘게 썰어서 준비(생략 가능)

파 2뿌리, 얇게 썰어서 준비

천일염, 후추 약간

고명으로 사용할 잘게 썬 생고수 잎 1/4컵

소스용 냄비를 중불에 올리고 뼈 육수와 코코넛 아미노스, 피쉬소스를 넣고 10분 정도, 또는 약간 끓어오르도록 가열한다.

청경채와 파를 넣고 청경채의 색깔이 밝은 녹색을 띠고 연해지도록 2~3분 더 끓인다. 익힌 새우를 재료로 사용하는 경우 청경채를 넣을 때 같이 넣어서 끓인다. 소금과 후추로 간을 맞춘다.

고수를 고명으로 올려서 낸다.

재료 팁
* 236쪽에 추천 브랜드 목록이 나와 있다.

해산물 없이 만들려면?
피쉬소스는 빼고 만들자.

참치 구이와 그레이프프루트, 아스파라거스 샐러드

재료 준비 15분 · 조리 시간 5분 · 5인분

견과류
달걀
가지속 채소
포드맵
해산물

참치구이 재료

야생 참치 스테이크 450~680 그램

천일염, 흑후추 약간

라임 1개, 반으로 잘라서 준비

참깨 2스푼

코코넛 오일 1스푼

샐러드드레싱 재료

마카다미아 넛 오일 또는 냉압착한 참기름 1/4컵

라임 1개, 즙내서 준비

잘게 썬 셜롯 2스푼

잘게 썬 생고수 잎 2스푼

천일염, 흑후추 약간

샐러드 재료

가느다란 아스파라거스 1다발
(약 680그램)

아보카도 2개, 얇게 썰어서 준비

진한 빨간색 그레이프프루트 1개, 껍질 벗겨서 준비('조리 팁'참고)

고명으로 사용할 참깨 1스푼

에나멜 코팅된 무쇠 프라이팬이나 스테인리스스틸 프라이팬을 중불에 올려 가열한다. 스테이크용 참치는 양쪽 면에 소금과 후추를 뿌려서 양념을 하고 라임 1/2개를 짜서 즙을 골고루 뿌린다. 참깨도 앞뒤에 골고루 뿌려서 얇은 튀김옷처럼 입힌다. 프라이팬이 가열되면 코코넛 오일을 녹이고 참치를 한쪽 면당 1분 정도씩 굽는다.

작은 볼에 드레싱 재료를 모두 넣고 잘 섞는다.

아스파라거스는 딱딱한 맨 아랫부분을 1~1.5인치 정도 잘라내고 3등분한다. 손질한 아스파라거스는 5인분에 맞게 나눈다.

참치를 결과 반대 방향으로 0.5~0.6인치 두께로 썬다. 접시에 아스파라거스를 깔고 그 위에 구운 참치를 얹고 아보카도 슬라이스와 껍질 벗긴 그레이프프루트를 올린다.

드레싱을 적당히 덜어서 접시마다 뿌리고 참깨를 고명으로 올려서 낸다.

조리 팁 1

감귤류 과일의 껍질 벗기는 법: 날이 잘 드는 과도로 바깥 껍질을 길게 깎아낸 다음 하얀 속껍질을 조심스럽게 제거한다. 칼날을 과일의 중심 쪽으로, 알맹이 사이사이에 들어간 얇은 껍질 사이로 조심스럽게 집어넣어서 과육을 각각 분리한다. 칼집을 잘 넣으면 알맹이가 쏙 빠져나와 바로 먹을 수 있다.

조리 팁 2

아스파라거스는 생으로 먹어도 된다! 생으로 한번 먹어보고 별로 입맛에 맞지 않으면 찌거나 구워서 샐러드에 넣어 먹으면 된다. 이 요리는 아스파라거스 대신 여러 가지 잎채소를 사용해도 된다.

녹색 사과와 회향 샐러드

재료 준비 10분 · 4인분

드레싱 재료

엑스트라 버진 올리브유 또는
마카다미아 넛 오일 1/2컵

애플사이다 식초 2스푼

레몬즙 2스푼

회향 씨앗, 가루 낸 것 1/2티스푼

시나몬 가루 1/2티스푼

양파 가루 1/4티스푼

천일염, 흑후추 약간

녹색 사과 2개, 길쭉하고 얇게 썰어서
준비

얇게 썬 회향 1컵(1~2개)

고명으로 사용할 시나몬 가루
1/4티스푼

샐러드용 잎채소 또는 시금치 어린 잎
약간(생략 가능)

작은 볼에 드레싱 재료를 모두 넣고 잘 섞는다.

중간 크기의 다른 볼에 사과와 회향을 담고
드레싱을 끼얹고 골고루 섞는다. 시나몬
가루를 뿌린다.

그대로 내거나, 샐러드용 잎채소 또는 시금치
어린잎을 깔고 그 위에 담아서 낸다.

부드러운 발사믹 드레싱을 곁들인
브로콜리 베이컨 샐러드

재료 준비 15분 · 조리 시간 15분 · 4인분

베이컨 슬라이스 4장

브로콜리 큰 것 한 송이

'몸에 좋은 홈메이드 마요네즈(223쪽 참고)' 1/4컵

발사믹 식초 3스푼

잘게 썬 셜롯 2스푼

천일염, 흑후추 약간

달걀 없이 만들려면?
마요네즈 대신 엑스트라 버진 올리브유 1/4컵 에 무글루텐 디종 머스터드 1티스푼을 넣고 섞어서 사용하면 된다.

베이컨을 결과 반대되는 방향으로 0.5~0.6 센티미터 크기로 잘라 프라이팬에 넣고 중불에서 바짝 굽는다. 다 구워진 베이컨은 키친타월을 깐 접시 위에 올려 기름을 뺀다. 베이컨에서 나온 기름은 따로 담아둔다.

브로콜리 꽃 부분을 큼직하게 썬다. 냄비에 물을 1인치 높이로 채우고 찜기를 올린 뒤 브로콜리를 넣고 찐다. 색이 밝은 녹색을 띠되 과하게 익지 않도록 5분 정도 찐다. 익힌 브로콜리는 얼음물이 담긴 큰 볼에 넣어 "급속" 냉각한다. 이렇게 하면 잔열로 계속 익지 않도록 방지하고 밝은 색깔도 유지할 수 있다. 식힌 브로콜리는 채반에 담아 물기를 제거한다.

작은 볼에 마요네즈와 식초, 셜롯, 소금, 후추를 넣고 저어서 섞는다.

식탁에 올릴 수 있는 볼 형태의 그릇에 브로콜리를 담고 드레싱을 뿌린 뒤 구운 베이컨 조각을 얹는다. 실온 상태로 낸다.

오이 냉국수 샐러드

재료 준비 15분 • 4인분

견과류
달걀
가지속 채소
포드맵
해산물

오이 큰 것 2개

'매콤한 참깨 생강 드레싱(228쪽 참고)'
2스푼

냉압착 참기름 2스푼

발효 쌀 식초*

고명으로 올릴 참깨 1스푼

손에 쥐고 쓰는 채칼이나 야채 껍질 벗기는 도구, 또는
나선형 슬라이서로 오이를 길게 잘라서 얇은 "국수"
모양으로 자른다. 가운데 씨 부분은 버린다.

볼에 오이 국수와 '매콤한 참깨 생강 드레싱', 참기름,
식초를 넣고 버무린다.

참깨를 뿌리고 차게 내거나 실온 상태로 낸다.

재료 팁
* 성분표를 확인하고 설탕이 첨가된 제품은 사용하지
말자. ●

특별한 도구
손에 쥐고 쓰는 채칼이나 나선형 슬라이서는 온라인이나
상점에서 구할 수 있다. 설탕 디톡스 홈페이지에 추천
브랜드가 나와 있다(balancedbites.com/21DSD). ●

생양배추와 청경채 샐러드

재료 준비 15분 • 4인분

생타히니(빻은 참깨로 만든 페이스트)
2스푼

라임 2개, 즙내서 준비

냉압착 참기름 1/4컵

마늘, 다지거나 간 것 1/4티스푼

얇게 썬 적양배추 4컵(중간 크기 양배추
1통 분량)

얇게 썬 청경채 1컵

천일염, 흑후추 약간

고명으로 사용할 잘게 썬 파 1/4컵

고명으로 사용할 참깨 1스푼

큰 볼에 타히니와 라임즙, 참깨, 마늘을 넣고 잘
섞는다. 여기에 얇게 썬 양배추와 청경채를 넣고
골고루 섞는다. 소금과 후추로 간을 한다. 파와 참깨를
뿌린다.

차갑게 내거나 실온 상태로 낸다.

견과류
달걀
가지속 채소
포드맵
해산물

고수 컬리플라워 밥

재료 준비 15분 · 조리시간 5분 · 4인분

컬리플라워 1송이

코코넛 오일이나 베이컨 기름 1스푼

천일염, 흑후추 약간

아주 잘게 썬 생고수 잎 1/4컵

색감과 맛을 더해줄 추가 재료
(생략 가능)
　– 사진에 나온 요리 재료

잘게 썬 적양파 1/4컵

잘게 썬 노란 피망 1/4컵

코코넛 오일이나 베이컨 기름 1스푼

컬리플라워는 바깥쪽에 난 잎과 줄기를 잘라내고 큼직한 덩어리로 썬다. 강판이나 푸드 프로세서에 컬리플라워를 넣고 분쇄한다.

적양파와 노란 피망을 추가하는 경우, 작은 프라이팬을 중불에 올리고 코코넛 오일이나 베이컨 기름 1스푼과 함께 양파와 피망을 5분 정도, 또는 야채가 부드러워지고 가장자리가 연한 갈색을 띨 때까지 볶는다.

중불에 큰 프라이팬을 올리고 코코넛 오일이나 베이컨 기름을 녹인다. 여기에 잘게 간 브로콜리를 넣고 소금과 후추로 간을 한 뒤 5분 정도, 또는 컬리플라워 색이 투명해질 때까지 볶는다. 살짝 저으면서 전체적으로 골고루 익힌다.

추가 재료를 넣고 (사용할 경우) 함께 볶는다. 그릇에 볶은 컬리플라워를 담고, 먹기 전에 잘게 썬 고수 잎을 얹어서 낸다.

겨울호박 발사믹 링

재료 준비 5분 • 조리시간 35분 • 4인분

단호박(껍질 벗기지 않은 것) 2개, 또는
버터넛 호박(껍질 벗긴 것) 1개

베이컨 기름이나 코코넛 오일 녹인
것 1/4컵

천일염, 흑후추 약간

발사믹 식초 1/2컵

씹는 맛을 더하려면?
구운 아몬드나 마카다미아 넛,
피칸, 호두를 잘게 썰어서
뿌린다.

오븐을 190.5도로 예열한다.

호박을 2센티미터 두께로 썬다. 가운데 씨
부분은 숟가락으로 제거한다.

테두리가 있는 오븐 팬 2개를 준비하고 호박을
담는다. 호박 겉면에 베이컨 기름이나 코코넛
오일을 골고루 펴 바르고 소금과 후추를 호박
앞뒤에 뿌려서 간을 한다. 팬을 오븐에 넣고
20분간 구운 뒤 팬을 꺼내서 호박 조각을
뒤집고 다시 15분간 굽는다.

호박을 굽는 동안 작은 소스 냄비를
중불에 올리고 발사믹 식초를 끓인다. 약간
되직해지면서 양이 절반 정도로 줄 때까지
졸인다.

구운 호박 위에 졸인 발사믹을 숟가락으로
뿌려서 따뜻할 때 낸다.

* 참고 사항: 단호박을 껍질째 구운 경우, 숟가락으로
안쪽을 발라 먹으면 된다.

감자튀김 닮은 생히카마

재료 준비 5분 · 4인분

히카마 1"덩어리"(약 450그램)

라임이나 레몬 1개, 반으로 잘라서 준비

칠리 가루나 카이엔 고춧가루, 치포틀레 고춧가루 1/2~1티스푼

천일염 약간

가지속 채소 없이 만들려면?
칠리 가루나 고춧가루는 빼고 라임이나 레몬즙, 소금만 사용하자.

야채 껍질 벗기는 도구로 히카마 껍질을 벗긴다. 감자튀김 모양으로 0.6~1.2센티미터 두께로 길쭉하게 자른다.

그릇에 히카마를 담고 그 위에 라임이나 레몬 1/2개에서 짜낸 즙을 뿌린다.

칠리 가루나 고춧가루를 뿌리고, 소금을 뿌린 뒤 전체적으로 골고루 묻힌다.

히카마는 너무 오래 두면 물기가 배어나오므로 먹기 직전에 만든다. 준비 시간을 절약하려면 라임과 칠리 가루, 고춧가루, 소금을 미리 마련해놓고 먹기 직전에 바로 뿌린다.

그리스식 토마토 오이 샐러드

재료 준비 10분 • 4인분

큼직하게 깍둑썰기한 토마토 2컵
(에일룸 토마토, 로마 토마토, 방울토마토 등
어떤 종류라도 상관없다!)

큼직하게 깍둑썰기 한 오이 2컵

엑스트라 버진 올리브유 1/2컵

**레몬 1개, 즙 내서 준비 또는 발사믹
식초 2스푼**

말린 오레가노, 티스푼으로 1.5스푼

천일염, 흑후추 약간

**가지속 채소 없이
만들려면?**
오이만 넣고 만들거나 토마토
대신 당근을 둥근 모양으로
얇게 썰어서 넣는다.

큰 볼에 재료를 모두 넣고 골고루 섞는다.
차갑게 내거나 실온 상태로 낸다.

미리 섞어서 1시간 이상 재워두었다가 먹으면
풍미가 더욱 뛰어난 샐러드를 맛볼 수 있다.

올리브를 곁들인 레몬 마늘 국수

재료 준비 10분 • 조리 시간 5분 • 4인분

주키니 호박이나 노란 호박, 큰 것 4개

천일염, 흑후추 약간

물 2스푼

레몬 1개, 껍질은 가늘게 갈고 즙내서
준비

엑스트라 버진 올리브유 1/4컵

마늘 1톨, 다지거나 갈아서 준비

씨 제거한 검은색 올리브 1/2컵,
반으로 잘라서 준비

포드맵 없이 만들려면?
마늘은 넣지 않는다. ●

손에 쥐고 쓰는 채칼이나 나선형 슬라이서를
이용하여 주키니 호박이나 노란 호박을 껍질째
국수 모양으로 깎는다.

국수에 소금과 후추로 간을 하고 큰
프라이팬에 담는다. 물을 넣은 뒤 중불에서
살짝 연해질 때까지 익힌다. 다 익힌 국수는
채반에 붓고 그대로 5분 정도 물기를
제거한다.

볼에 레몬 껍질 간 것과 레몬즙을 넣는다.
올리브 오일, 마늘을 넣고 섞은 뒤 소금과
후추로 간을 맞춘다.

물기를 제거한 국수를 그릇에 담고 볼에
만들어놓은 드레싱을 끼얹는다. 그 위에
올리브를 넣는다.

따뜻하게 내거나 차갑게 낸다.

페스토 호박 국수

재료 준비 15분 • 조리 시간 40~50분 • 4인분

국수호박 1개(약 1.8~2.2킬로그램)

천일염, 흑후추 약간

페스토 재료

껍질 벗긴 피스타치오나 마카다미아 넛,
호두, 피칸, 잣 1/2컵

마늘 1톨

엑스트라 버진 올리브유 1/2컵

천일염, 흑후추 약간

생고수나 바질 1단

오븐을 190.5도로 예열한다.

국수호박은 세로로 길게 반으로 자른 뒤 씨와
가운데 얇은 막을 모두 제거하고 소금과 후추를
적당히 뿌린다. 오븐 팬에 자른 단면이 아래로
가도록 놓고 팬을 오븐에 넣어 40분 정도, 또는
바깥쪽을 눌렀을 때 "국수"가 분리될 정도로
연해질 때까지 익힌다.

푸드 프로세서에 견과류와 마늘, 올리브유,
소금, 후추를 넣고 부드러운 상태가 되도록
갈아준다. 여기에 고수나 바질을 추가하고
다시 섞는다. 맛을 보고 소금이나 후추로 간을
맞춘다.

호박이 다 익으면 포크를 사용하여 국수를
분리하고 페스토를 끼얹어서 낸다.

허브향 가득 으깬 컬리플라워

재료 준비 5분 · 조리 시간 15분 · 4인분

견과류
달걀
가지속 채소
포드맵
해산물

컬리플라워 큰 것 1송이

무염버터나 코코넛 오일 2스푼

엑스트라 버진 올리브유 2스푼

생로즈마리 1/2티스푼, 또는 다른
생허브 1티스푼

천일염, 흑후추 약간

컬리플라워는 2~3인치 길이로 자른다. 냄비에 물을
1인치 높이로 담고 찜기를 넣은 뒤 뚜껑을 덮고 센 불에서
물을 끓인다. 찜기에 컬리플라워를 담고 포크로 찍으면
잘 들어갈 때까지 익힌다. 다 익은 컬리플라워는 푸드
프로세서에 옮겨 담고 버터나 코코넛 오일, 올리브유,
로즈마리나 다른 허브, 소금, 후추를 추가한다. 크림처럼
부드러운 퓌레가 되도록 갈아준다.

코코아 칠리 양념 컬리플라워 구이

재료 준비 10분 · 조리 시간 30분 · 4인분

컬리플라워, 중간 크기 두송이

코코넛 오일, 녹인 것 1/4컵

무가당 코코아 가루* 1/2티스푼

칠리 가루 1/2티스푼

시나몬 가루 1/2티스푼

양파 가루 1/2티스푼

천일염 1/2티스푼

흑후추 1/2티스푼

재료 팁

* 236쪽에 추천 브랜드가 나와
있다. ●

견과류
달걀
가지속 채소
포드맵
해산물

오븐을 220도로 예열한다.

컬리플라워를 0.6~1.2 센티미터 크기로 잘게 자른다. 큰 볼에 컬리플라워를 담고 코코넛 오일을 넣은 뒤 골고루 섞는다.

작은 볼에 코코아 가루와 칠리 가루, 시나몬 가루, 양파 가루, 소금, 후추를 넣고 잘 섞는다. 완성된 양념을 컬리플라워에 뿌리고 손으로 뒤적이면서 오일과 양념이 충분히 배도록 섞는다.

테두리가 있는 오븐 팬 2개를 준비하고 유산지를 깐다. 그 위에 컬리플라워를 평평하게 담은 뒤 팬을 오븐에 넣는다. 컬리플라워가 연해지고 캐러멜화가 막 시작된 상태가 되도록 30분 정도 익힌다.

노란 비트와 허브 구이

재료 준비 5분 · 조리 시간 30~35분 · 4인분

노란 비트, 중간 크기 3~4개

베이컨 기름이나 코코넛 오일 3스푼
(나눠서 사용)

천일염 1/4 티스푼

흑후추 1/4 티스푼

생로즈마리 잔가지 2개

생세이지 잎 10~12장

오븐을 220도로 예열한다.

비트는 맨 윗부분을 얇게 잘라내고 껍질을
벗긴다. 세로로 반을 자른 뒤 다시 각각 반으로
잘라 반달 모양으로 자른다.

손질한 비트에 베이컨 기름이나 코코넛 오일 1
스푼을 넣고 골고루 섞은 뒤 소금, 후추로 간을
한다. 테두리가 있는 오븐 팬에 양념한 비트를
담고 팬을 오븐에 넣어 20분간 구운 다음
꺼내서 비트를 뒤집는다. 다시 팬을 오븐에

넣고 10~15분 정도, 또는 비트가 포크로
찔렀을 때 잘 들어가고 가장자리가 노르스름한
갈색을 띨 때까지 굽는다.

비트를 굽는 동안 작은 프라이팬을 중불에
올리고 남은 베이컨 지방이나 코코넛 오일
2스푼을 넣는다. 충분히 가열되면 허브 재료를
넣고 30초 정도 바짝 익힌다. 완성된 허브는
비트와 함께 낸다.

크럼블 방울양배추

재료 준비 15분 · 조리 시간 40분 · 4인분

코코넛 오일이나 베이컨 기름 녹인 것,
2~3스푼

적양배추나 녹색 양배추 작은 것 1통,
1인치 두께의 웨지 모양으로 썰어서
준비

방울양배추 24개, 손질 후 반으로
잘라서 준비

천일염 1/2티스푼

흑후추 1/2티스푼

토핑 재료

빻은 아몬드나 아몬드 가루 1/4컵,
시판 제품*이나 직접 만든 것(225쪽
참고)

양파 가루 1/4티스푼

마늘 과립 1/4티스푼

시나몬 가루 1/4티스푼

천일염 1/2티스푼

흑후추 1/2티스푼

재료 팁

* 236쪽에 추천 브랜드가 나와
  있다.

견과류

달걀

가지속 채소

포드맵

해산물

오븐을 190.5도로 예열한다.

가로세로 9인치(약 22센티미터) 크기의 오븐용
그릇 인쪽에 코코넛 오일이나 베이컨 기름을
얇게 바르고 남은 기름은 남겨둔다.

손질한 양배추와 방울양배추를 오븐 그릇에
담고 소금과 후추를 뿌린 뒤 남은 기름을
골고루 뿌린다.

작은 볼에 토핑 재료를 모두 넣어 섞어서 잠시
둔다.

양배추가 담긴 그릇을 오븐에 넣고 30분간
굽는다. 오븐에서 꺼낸 뒤 토핑 재료를 골고루
뿌린다.

그릇을 다시 오븐에 넣고 10분 정도, 또는
토핑이 옅은 갈색을 띠고 채소가 더 물러질
때까지 굽는다.

치즈 맛 허브 아몬드 스프레드

재료 준비 8시간+15분 · 2컵 분량

견과류
달걀
가지속 채소
포드맵
해산물

생아몬드 한 컵

물 2컵과 1/4컵 , 나눠서 사용

엑스트라 버진 올리브유 5스푼

생레몬즙 1/4컵(레몬 2개 분량)

마늘 한 톨, 다지거나 갈아서 준비

잘게 썬 생골파 2스푼

천일염, 흑후추 약간

유리 용기나 재료를 흡수하지 않는 재질의 용기에 아몬드를 담고 물 2컵을 부어서 뚜껑을 덮고 어두운 곳에 둔다. 그대로 하룻밤, 또는 8시간 동안 불린다.

불린 아몬드는 물을 따라내고 헹군 뒤 푸드 프로세서에 담고 물 1/4컵과 나머지 재료를 넣어 크림 같은 형태가 되도록 갈아준다. 한 번씩 작동을 멈추고 용기 벽에 붙은 재료를 긁어서 중앙에 모으면서 총 5분 정도 갈면 된다.

식감을 더 부드럽게 만들려면 따뜻한 물을 한 번에 1스푼씩 첨가하면서 원하는 상태가 될 때까지 갈아준다.

허브 크래커

재료 준비 **30분** • 조리 시간 **10~15분** • **4인분**

잘게 빻은 아몬드 가루 1컵, 시판 제품*이나 직접 만든 것(213쪽 참고)**으로 준비**

천일염 1/2티스푼

양파 가루 1/2티스푼

마늘 과립 1/2티스푼

잘게 썬 생허브, 아무 종류나 1스푼 (조리 팁 참고)

흑후추 약간

달걀 1개, 풀어서 준비

견과류
달걀
가지속 채소
포드맵
해산물

재료 팁
* 236쪽에 추천 브랜드가 나와 있다. 

조리 팁
이 크래커에는 생골파나 로즈마리가 잘 어울린다.

오븐을 175도로 예열한다.

볼에 아몬드 가루와 소금, 양파 가루, 마늘 과립, 허브, 후추를 넣고 포크로 섞는다. 여기에 달걀을 추가하고 작은 덩어리가 되도록 포크로 뒤적뒤적 섞어준다. 완성된 반죽은 작은 그릇에 담아서 랩을 씌우고 냉장고에 넣어 20~30분간 둔다.

유산지를 깔고 냉장고에 넣어두었던 반죽을 꺼내서 붓는다. 그 위에 다시 유산지를 얹고 밀대로 윗면을 눌러 반죽을 납작하게 펼친다.

칼이나 쿠키 커터로 반죽을 원하는 모양으로 떼어낸다. 잘라낸 크래커 반죽을 오븐 팬에 담고 10~15분 정도, 또는 노릇한 갈색을 띨 때까지 구워준다.

다 구운 크래커는 식힌 뒤 토핑을 곁들여서 낸다.

간단한 쇠고기 육포

재료 준비 45분 · 조리 시간 3~5시간 · 분량은 한 번에 먹는 양에 따라 달라진다.

절임 양념 재료

코코넛 아미노스 1/3컵

마늘 과립 1스푼

양파 가루 1티스푼

천일염 1/2티스푼

흑후추 1/4티스푼, 입맛에 따라 추가

쇠고기나 닭고기, 칠면조 고기의
살코기 부분 약 450그램(스테이크로
먹거나 구워 먹는 소 갈비 부위를 이용하면
지방을 쉽게 제거할 수 있다.)

큰 볼에 양념 재료를 모두 넣고 잘 섞는다.
맛을 보고 간을 맞춘다. 육포 양념이므로 조금
간이 세다 싶은 정도가 적당하다.

날이 잘 드는 칼이나 육류용 슬라이서를
사용하여 고기를 결과 반대 방향으로
0.3~0.4센티미터 두께로 썬다.

얇게 썬 고기를 양념이 담긴 그릇에 넣고
실온에 두거나 냉장고에 넣어 1시간 정도 둔다.

식품건조기에 재운 고기를 담고 약 55~65도에서
원하는 만큼 건조시킨다. 3시간에서 5시간
가량 소요된다.

오븐을 이용하여 육포를 만들 경우,
약 95도에서 2~4시간 정도 적당히 굽는다.

4가지 기본 재료로 만든 과카몰리

재료 준비 10분 · 8인분

아보카도 4개

라임 2개, 즙내서 준비

셜롯 중간 크기 1개, 잘게 다져서 준비

생고수 잎, 잘게 다진 것 1/4컵

천일염, 흑후추 약간

할라피뇨 고추 반 개, 잘게 다져서 준비(생략 가능: 가지속 채소 없이 만들려면 생략한다.)

아보카도는 세로로 길게 칼집을 내고 반으로 쪼개서 씨를 제거하고 과육을 숟가락으로 떼어내서 볼에 담는다. 포크로 으깬다.

라임즙을 추가하고 잘 섞는다. 여기에 셜롯과 고수를 추가하고 소금, 후추로 긴을 맞춘 뒤 골고루 섞는다. 매콤한 맛을 좋아하면 할라피뇨 고추를 넣고 고루 섞는다.

차갑게 내거나 실온 상태로 낸다.

파를 곁들인 토마토 포카치아

재료 준비 15분 • 조리 시간 50분 • 8인분

견과류
달걀
가지속 채소
포드맵
해산물

달걀 6개

애플사이다 식초 1/2티스푼

무염버터나 기(ghee), 오리 기름,
코코넛 오일 녹인 것 1/2컵

코코넛 가루 1/2컵

베이킹소다 1/4티스푼

천일염 1/2티스푼

잘게 썬 생바질 잎 1스푼

잘게 썬 생로즈마리 1스푼

말린 오레가노 1스푼

마늘 2~3톨, 다지거나 갈아서
준비

소스 재료

토마토 페이스트 1/4컵

물 1/4컵

마늘 1~2톨, 다지거나 갈아서
준비

천일염, 흑후추 약간

얇게 썬 파 2스푼

오븐을 175도로 예열한다. 오븐 팬에 유산지를 깔아둔다.

큰 볼에 달걀과 식초, 녹여서 부드러운 상태로 준비해둔
버터나 기(ghee), 오리 기름, 코코넛 오일을 넣고 잘 섞는다.
그 위에 코코넛 가루와 베이킹소다, 소금을 체에 쳐서 넣고
골고루 섞는다.

허브, 마늘을 추가해서 섞은 뒤 오븐 팬에 얇게 펴서
담는다.

팬을 오븐에 넣고 30분 정도, 또는 빵 가장자리가 노릇한
갈색이 될 때까지 굽는다.

빵을 굽는 동안 소스를 만든다. 작은 소스 냄비를 중불에
올리고 토마토 페이스트와 물, 마늘, 소금, 후추를 넣어
가열한다. 팔팔 끓으면 그대로 10분간 끓인다.

빵이 완성되면 팬을 꺼내서 토마토소스를 빵 위에 얇고
균일하게 바른 뒤 파를 뿌린다.

팬을 다시 오븐에 넣고 10분 더 익힌다.

조리 팁

코코넛 가루는 섬유질
함량이 높아서 팬에 구우면
기름을 아무리 잘 발라도
쉽게 눌어붙는다. 따라서
반드시 유산지를 깔고
구워야 한다.

가지속 채소 없이
만들려면?

소스 없이 먹으면 된다.

맛좋은 허브 비스킷

재료 준비 15분 · 조리 시간 25분 · 6인분 · 머핀 6개 또는 비스킷 12개 분량

견과류
달걀
가지속 채소
포드맵
해산물

달걀 6개

코코넛 오일이나 말랑한 상태로 녹인 무염버터 1/2컵

애플사이다 식초 1/2티스푼

코코넛 가루 1/2컵

베이킹소다 1/2티스푼

천일염 1/2티스푼

생로즈마리나 세이지 잎 잘게 썬 것 1스푼

조리 팁

유산지를 꼭 사용해야 한다! 코코넛 가루는 섬유질 함량이 높아서 눌어붙지 않도록 표면 처리가 된 머핀 틀에 기름을 잘 발라서 구워도 종종 눌어붙는다. 따라서 유산지는 필수다. 머핀 틀에 맞는 유산지가 없으면 일반 유산지를 깔고 반죽을 놓은 뒤 밀대로 밀어서 비스킷 모양으로 만들자. ●

오븐을 175도로 예열한다.

볼에 계란과 코코넛 오일 또는 버터, 식초를 넣고 골고루 섞는다.

그 위에 코코넛 가루와 베이킹소다, 소금을 체에 쳐서 넣고 잘 섞는다. 허브를 추가한 뒤 재빨리 섞는다.

오븐 팬에 유산지를 깔고 큼직한 숟가락으로 반죽을 떠서 12개의 덩어리로 종이 위에 얹는다. 팬을 오븐에 넣고 20~25분간, 또는 노릇한 갈색을 띨 때까지 굽는다.

머핀으로 만들려면, 머핀 틀 6곳에 유산지를 깔고 반죽을 똑같이 나누어 담는다. 팬을 오븐에 넣고 25분 정도, 또는 단단해지고 가장자리가 노릇한 갈색이 되도록 굽는다.

구운 케일 칩

재료 준비 10분 · 조리 시간 15~20분 · 4인분

견과류
달걀
가지속 채소
포드맵
해산물

케일 큼직한 묶음으로 1다발

코코넛 오일 2스푼

마늘 1~2톨, 다지거나 가늘게 썰어서 준비

양파 가루 1티스푼

파프리카 가루 1/2티스푼(생략 가능)

맥주효모* 3스푼(생략 가능)

아몬드 가루 2스푼(맥주효모를 생략한 경우 4~5 스푼 사용), **시판 재품*이나 직접 만든 것으로 준비** (225쪽 참고)

천일염, 흑후추 약간

마늘 과립 1/2티스푼

재료 팁

* 236쪽에 아몬드 가루 추천 브랜드가 나와 있다. 맥주효모는 루이스 랩 (Lewis Labs) 브랜드를 추천한다. ●

조리 팁

케일을 구울 때 유리나 세라믹 재질의 용기를 사용하면 "눅눅한" 식감이 되기 쉽고 바삭바삭하게 구워지지 않는다. 그러므로 철재 오븐 팬을 사용하는 것이 좋다. ●

가지속 채소 없이 만들려면?

파프리카 가루를 빼고 만든다. ●

오븐을 350도로 예열한다.

한 손으로 케일 줄기를 잡고 다른 손으로 가운데 줄기 양쪽의 잎을 찢어서 분리한다. 남은 줄기는 버린다. 손질한 케일은 물에 헹군 뒤 키친타월로 표면을 두드려 닦거나 넓게 펼쳐서 몇 시간 그대로 두고 물기를 제거한다.

작은 볼에 코코넛 오일과 마늘, 양파 가루, 파프리카 가루(사용할 경우), 맥주효모(사용할 경우), 아몬드 가루, 소금, 후추를 넣고 잘 섞는다.

큰 볼에 잘 말린 케일의 절반을 담고 양념의 절반을 부어서 손으로 버무린다. 철재 오븐 팬(눌어붙지 않도록 표면 처리가 되어 있지 않은 팬) 위에 버무린 케일을 펼쳐서 얹는다. 나머지 케일도 남은 양념에 같은 방식으로 버무리고 다른 팬에 동일하게 담는다. 소금과 마늘 과립을 위에 약간 뿌린다.

팬을 오븐에 넣고 15~20분 정도, 또는 케일이 바삭바삭한 상태이면서도 갈색으로 변하지 않을 정도로 굽는다. 20분 구운 뒤에도 케일이 눅눅하면(물기를 완전히 제거하지 않고 구우면 이렇게 되기 쉽다) 오븐을 끄고 팬 위에 둔 채로 20분간 식힌다. 식히는 과정에서 수분이 날아간다.

시닐라 견과류 믹스

재료 준비 5분 · 조리 시간 25~30분 · 4인분

견과류
달걀
가지속 채소
포드맵
해산물

달걀 1개, 흰자만 분리해서 준비

코코넛 오일, 녹인 것 1스푼

순수 바닐라 추출액 1/4티스푼

시나몬 가루 1티스푼

천일염 약간

아몬드 1/4컵

마카다미아 넛 1/4컵

호두 1/2컵

아몬드 가루 2스푼, 시판 제품*
이나 직접 만든 것(225쪽 참고)

오븐을 135도로 예열한다.

볼에 달걀흰자와 코코넛 오일, 바닐라 추출액, 시나몬 가루,
소금을 넣고 잘 섞는다. 견과류(원하는 종류로 바꿔도 상관없다)와
아몬드 가루를 추가하고 골고루 섞는다.

테두리가 있는 오븐 팬에 얇게 펴서 담고 팬을 오븐에 넣어
25~30분 정도, 노릇하게 굽는다.

재료 팁
* 236쪽에 추천 브랜드가 나와 있다. ●

태국식 매콤한 견과류 믹스

재료 준비 5분 / 조리 시간 25~30분 / 4인분

견과류
달걀
가지속 채소
포드맵
해산물

코코넛 아미노스* 1스푼

코코넛 오일 녹인 것 1스푼

피쉬소스 2~4방울

라임 1개, 껍질은 잘게 갈고 즙내서
준비

카이엔 고춧가루 1/4티스푼

다진 생강 1/8티스푼, 입맛에 따라
추가

아몬드 1/4컵

호박씨 1/4컵

호두 1/2컵

참깨 1티스푼

오븐을 135도로 예열한다.

볼에 코코넛 아미노스와 코코넛 오일, 피쉬소스, 라임
껍질, 라임즙, 카이엔 고춧가루, 생강을 넣고 잘 섞는다.
여기에 견과류와 씨앗(원하는 종류로 바꿔도 상관없다)를 넣고
골고루 섞는다.

테두리가 있는 오븐 팬에 얇게 펴서 담고 팬을 오븐에 넣어
25~30분 정도, 노릇하게 굽는다.

재료 팁
* 236쪽에 추천 브랜드가 나와 있다. ●

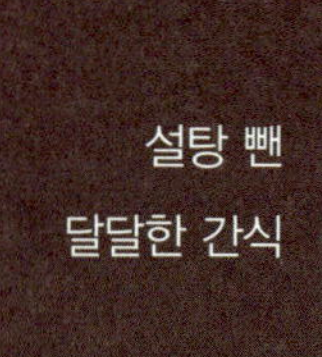

새콤하고 부드러운 사과 소스

재료 준비 15분 · 조리 시간 20분 · 8인분

견과류
달걀
가지속 채소
포드맵
해산물

녹색 사과 8개, 껍질 벗기고 약
1센티미터 길이로 잘게 잘라서 준비

레몬 2개, 껍질은 잘게 갈고 즙내서
준비

무염버터 1/2컵

조리 팁
버터가 싫으면 코코넛 오일을
사용하자. 냉장보관하면
소스가 굳을 수 있으므로 먹기
전에 미리 상온에 꺼내두어야
한다. ●

에나멜 코팅된 무쇠 냄비나 스테인리스스틸
냄비에 사과와 레몬 껍질, 레몬즙, 버터를
모두 넣고 중불에서 끓인다. 사과가 연하게
물러지도록 15~20분 정도 졸인다.

익힌 사과는 더 잘게 으깨거나 퓌레로 만든다.
덩어리진 상태로 그냥 먹어도 된다.

따뜻하게 내거나 실온 상태로 낸다. 저온에
보관하면 약간 굳을 수 있다.

담백한 시나몬 쿠키

재료 준비 10분 · 조리 시간 15분 · 4인분 · 쿠키 8개 분량

끝이 녹색인 바나나, 껍질 벗기고
으깬 것 1/4컵(작은 것 1개 분량)

달걀 2개

코코넛 오일이나 무염버터 녹인 것
2티스푼

순수 바닐라 추출액 1/2티스푼

코코넛 가루 1스푼

시나몬 가루 1티스푼

잘게 썰어 말린 무가당 코코넛 1컵

천일염 약간

견과류
달걀
가지속 채소
포드맵
해산물

오븐을 175도로 예열한다. 오븐 팬에 유산지를
깔아둔다.

중간 크기의 볼에 바나나와 달걀, 코코넛
오일이나 버터, 바닐라 추출액을 넣고 잘
섞는다.

그 위에 코코넛 가루와 시나몬 가루를 체 쳐서
넣고 골고루 섞는다. 잘게 썰어 말린 코코넛과
소금을 추가하고 다시 섞는다.

오븐 팬에 반죽을 숟가락으로 떠서 비슷한
크기의 덩어리 8개로 나누어 담고 포크로
눌러서 납작하게 모양을 만든다.

팬을 오븐에 넣고 15분 정도, 또는 노릇한
갈색을 띨 때까지 굽는다.

바닐라 코코넛 아이스크림

재료 준비 5분 · 분량은 한 번에 먹는 양에 따라 달라진다.

견과류
달걀
가지속 채소
포드맵
해산물

지방이 그대로 함유된 코코넛 밀크*
캔 하나(14.5온스)

물, 아이스크림 틀을 채울 만큼의 분량
(정확한 양은 '조리 팁'참고)

바닐라 빈 1개

순수 바닐라 추출물 1티스푼

재료 팁
* 236쪽에 추천 브랜드가 나와 있다. ●

특별한 도구
아이스크림 틀은 생활용품 판매점에서 쉽게 구입할 수 있다. 아마존
(Amazon.com), 타겟(Target.com) 등에서 온라인으로도 구할 수 있다. 설탕
디톡스 21일 웹 사이트의 온라인 상점에서 그 밖의 유용한 기기와 도구 등
다양한 제품을 확인할 수 있다(balancedbites.com/21DSD). ●

조리 팁
물을 정확히 얼마나 넣어야 하는지 확인하려면 먼저 아이스크림 틀에
물을 채우고 그 물을 계량컵에 부어서 확인하면 된다. 틀 1개에 들어가는
양을 확인하고 틀 개수대로 계산하면 편리하다. 이 레시피에서는
14.5온스(약 410밀리리터) 분량의 코코넛 밀크 캔 하나를 사용하므로 틀에
맞게 적절히 나누어야 한다. 예를 들어 아이스크림 틀이 6칸으로 나누어져
있고 틀 하나에 액체 재료가 3온스(약 85밀리리터)씩 들어간다면 액체가
대략 18온스(약 510 밀리리터)가 있어야 6칸을 다 채울 수 있다. 이런 경우
코코넛 밀크 14.5온스에 물 3.5온스를 채워서 18온스로 맞춘 다음 틀에
똑같이 나눠서 부으면 해결된다. ●

코코넛 밀크를 볼이나 블랜더에 붓는다(붓기
쉬운 포장에 담긴 제품을 사용하면 편리하다). 사용하는
아이스크림 틀의 용량에 맞게 물을 필요한
양만큼 추가한다(물의 양을 확인하는 방법은 '조리 팁'
참고).

바닐라 빈을 반으로 길게 자르고 칼 뒷면으로
꼬투리 안쪽의 씨를 긁어낸다.

긁어낸 바닐라 빈 씨를 코코넛 밀크가 담긴
볼이나 블랜더 용기에 담고 바닐라 추출물도
넣은 뒤 직접 섞거나 블랜더를 작동시킨다.

아이스크림 틀에 똑같이 나누어 담고 하룻밤
동안 얼린다. 완성된 뒤 틀을 따뜻한 물이 담긴
그릇에 담그면 아이스크림이 쉽게 분리된다.

바나나 코코넛 아이스크림

재료 준비 6시간+10분 · 4인분

끝이 녹색인 바나나 4개

코코넛 버터* 2스푼

순수 바닐라 추출액 2티스푼

바닐라 빈 씨앗, 꼬투리 1개 분량

고명 재료(생략 가능)

100% 다크초콜릿, 잘게 부순 것 2스푼
(사진 참고)

카카오닙스 2스푼

잘게 썰어 말린 무가당 코코넛 2스푼

재료 팁
* 236쪽에 추천 브랜드가 나와
있다. ●

바나나는 껍질을 벗기고 1인치 크기로 잘게 잘라서 냉동실에 넣고 6시간 이상, 또는 하룻밤 동안 얼린다.

작은 볼에 코코넛 버터와 바닐라 추출액, 바닐라 빈 씨앗을 넣고 섞는다.

푸드 프로세서에 얼린 바나나와 코코넛 버터 등 섞어놓은 재료를 담고 1~2분 정도, 또는 잘게 다져진 반죽이 될 때까지 갈아준다. 한 번씩 작동을 멈추고 용기 벽에 붙은 재료를 가운데로 모은 뒤 다시 간다.

갈린 재료는 볼에 담고 큰 숟가락으로 섞는다. 이 과정에서 재료가 녹기 시작하고 크림 같은 형태가 된다. 작은 그릇 4개에 나눠 담고, 취향에 따라 고명 재료를 올려서 낸다.

견과류
달걀
가지속 채소
포드맵
해산물

달콤쌉쌀한 핫초코

재료 준비 5분 · 조리 시간 5분 · 4인분

지방이 그대로 함유된 코코넛 밀크*
1.5컵

물 1.5컵

무가당 코코넛 가루* 1/2컵과 1스푼

순수 바닐라 추출물 1/2티스푼

바닐라 빈 씨앗, 꼬투리 1개 분량
(생략 가능)

시나몬 가루 약간(생략 가능)

재료 팁
* 236쪽에 추천 브랜드가 나와
있다. ●

소스 냄비에 재료를 모두 넣고 중불에서 끓인다. 뜨거울 때 낸다.

차갑게 식혀서 스무디 재료로 사용하거나 달지 않은 초콜릿 아이스크림으로 만들어 먹어도 된다.

애플 시나몬 도넛

재료 준비 20분 • 조리 시간 30분 • 6인분 • 보통 사이즈 6개, 미니 사이즈 12개 분량

무염버터 또는 기(ghee) 녹인 것
2스푼

코코넛 오일 3스푼(나눠서 사용)

녹색 사과 1개, 껍질 벗기고 잘게
썰어서 준비

달걀 3개

순수 바닐라 추출물 1/2티스푼

지방이 그대로 함유된 코코넛 밀크*
5스푼

애플사이다 식초 1/2티스푼

코코넛 가루* 1/4컵 , 체 쳐서 준비

아몬드 가루* 1/3컵

베이킹소다 1/2티스푼

시나몬 가루 1티스푼

천일염 약간

견과류
달걀
가지속 채소
포드맵
해산물

오븐을 175도로 예열한다. 6구 도넛 팬이나 12구 미니 도넛 팬에 붓으로 버터나 기(ghee)를 바른다.

프라이팬을 중불에 올리고 코코넛 오일 1스푼을 넣는다. 사과를 넣고 연해질 때까지, 8~10분 정도 익힌다. 익힌 사과는 냉장고에 넣고 5분 이상 차갑게 식힌다.

볼에 달걀과 바닐라 추출액, 남은 코코넛 오일 2스푼과 코코넛 밀크, 식초를 넣고 잘 섞이도록 20초 정도 세게 저어준다. 코코넛 가루와 아몬드 가루, 베이킹소다, 시나몬 가루, 익힌 사과와 소금을 넣고 다시 세게 저어주면서 섞는다.

반죽을 도넛 팬의 각 틀에 붓는다. 굽는 동안 부풀어오르므로 2/3 정도 채운다.

팬을 오븐에 넣고 20분 정도, 도넛이 부풀어 올라 노릇한 갈색을 띨 때까지 굽는다.

참고사항: 일반 사이즈 도넛에는 1개당 녹색 사과가 1/6개씩, 미니 도넛은 1/12개씩 들어간다. 하루에 섭취하는 과일의 양을 계산할 때 이 점을 참고하기 바란다.

재료 팁
* 236쪽에 추천 브랜드가 나와 있다. ●

특별한 도구
도넛 팬은 가정용품 판매점이나 온라인에서 쉽게 구할 수 있다. 추천 제품은 설탕 디톡스 21일 웹 사이트(balancedbites.com/21DSD)에서 확인할 수 있다. ●

곡물 없는 바놀라

재료 준비 10분 · 조리 시간 30~35분 · 8인분

견과류
달걀
가지속 채소
포드맵
해산물

견과류 2컵, 통째로 넣거나 반으로
잘라서 준비(호두, 피칸, 마카다미아,
아몬드)

잘게 썬 아몬드 또는 아몬드 슬라이스
1컵

씨앗 1/2컵(호박씨, 해바라기씨, 참깨)

아몬드 가루나 다른 견과류 가루
1/2컵

끝이 녹색인 바나나 2개(부드럽게 으깬
상태로 1컵 분량)

달걀 1개

순수 바닐라 추출액 1티스푼

시나몬 가루 1티스푼

육두구 1/2티스푼(생략 가능)

천일염 1/4티스푼

오븐을 175도로 예열한다.

푸드 프로세서에 통견과류나 반으로 자른
견과류를 넣고 분쇄한다. 자잘하지만 작은
덩어리가 남아 있는 정도로 만든다. 분쇄한
견과류는 큰 볼에 담고 아몬드 슬라이스나
잘게 썬 아몬드, 씨앗, 아몬드 가루를 넣고 잘
섞는다.

바나나, 달걀, 바닐라 추출액, 시나몬 가루,
육두구(사용하는 경우)와 천일염을 모두 푸드
프로세서에 넣고 20초 정도, 또는 모든 재료가
퓌레 상태가 될 때까지 갈아준다. 완성된
퓌레를 견과류가 담긴 볼에 붓고 저으면서

골고루 섞는다.

오븐 팬에 유산지를 깔고 반죽을 붓는다.

팬을 오븐에 넣고 30~35분간 굽는다.
10분마다 확인하고 큰 숟가락으로 그래놀라
덩어리를 큼직하게 떼어내고 뒤집어준다.
수분이 모두 날아가고 표면에 살짝 갈색이
돌 정도로 굽는다. 다 구워진 그래놀라는
오븐에서 꺼낸 뒤 뚜껑을 덮지 말고 식히거나
오븐을 끄고 오븐 안에 그대로 둔다. 완성된
그래놀라는 냉장고에 일주일까지 보관할 수
있다. 간식으로 먹어도 좋고, 코코넛 밀크나
아몬드 밀크를 부어서 시리얼로 먹어도 된다.

견과류 가득 사과 구이

재료 준비 10분 · 조리 시간 30분 · 4인분

녹색 사과 4개

굵게 분쇄한 견과류 1컵(아몬드, 호두,
피칸, 껍질 벗긴 피스타치오, 마카다미아 넛
중에 1가지를 사용하거나 섞어서 넣는다.)

시나몬 가루 1티스푼

천일염 약간

무염버터나 기(ghee), 코코넛 오일 녹인
것 1/4컵 과 2스푼

견과류
달걀
가지속 채소
포드맵
해산물

오븐을 175도로 예열한다.

사과의 윗부분 1/4을 잘라낸다. 겉모양은
그대로 남기고 가운데 속을 파낸다. 가로세로
9인치(약 22센티미터) 크기의 오븐 팬에 손질한
사과를 모두 담는다.

작은 볼에 부순 견과류와 시나몬 가루, 소금,
버터나 기(ghee), 코코넛 오일을 넣고 섞으면서
견과류에 나머지 재료를 골고루 묻힌다. 사과
안에 견과류를 채우고 팬을 오븐에 넣는다.
그대로 30분 정도, 사과 표면에 균열이 가기
시작하고 전체적으로 말랑말랑한 상태가 되어
약간 노릇한 갈색이 되도록 굽는다.

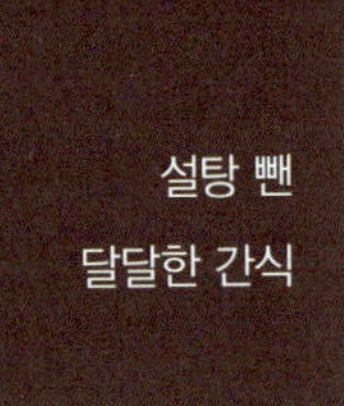

사르르 녹는 레몬 바닐라

재료 준비 10분 · 4인분 · 12개 분량

견과류
달걀
가지속 채소
포드맵
해산물

코코넛 버터* 말랑한 상태로 녹인 것
1/2컵

코코넛 오일, 말랑한 상태로 녹인 것
1/2컵

바닐라 빈 꼬투리 반 개, 씨앗
긁어내서 준비

레몬 1개, 껍질 잘게 갈고 즙내서 준비

재료 팁
* 236쪽에 추천 브랜드가 나와
있다. ●

볼(내용물을 따를 수 있도록 주둥이가 있는 것이 편리하다)
에 코코넛 버터와 코코넛 오일, 바닐라 빈에서
긁어낸 씨앗, 레몬 껍질, 레몬즙을 넣고 골고루
섞는다.

반죽을 머핀 틀에 붓고 차가운 곳에서 20~30
분간, 또는 완전히 굳을 때까지 둔다. 1인당
3개씩 먹을 수 있도록 낸다.

가벼운 초콜릿 무스

재료 준비 10분 · 2인분

아보카도 1개

끝이 녹색인 바나나, 중간 또는
큰 것 1개

지방이 그대로 함유된 코코넛 밀크나
아몬드 밀크, 기타 밀크 제품 1/4컵

무가당 코코아 가루* 또는 무가당 캐롭
가루 1/4컵

순수 바닐라 추출액 1/4티스푼

맛을 더해줄 재료(생략 가능)

천일염 약간

시나몬 가루 약간

고명 재료 (생략 가능)
100% 다크초콜릿 잘게 간 것 1스푼
카카오닙스 1스푼

견과류

달걀

가지속 채소

포드맵

해산물

아보카도는 반으로 자르고 씨를 제거한다. 과육을 분리해서 소형 푸드 프로세서에 담고 바나나, 아몬드 밀크나 코코넛 밀크, 코코아 가루나 캐롭 가루, 바닐라 추출액을 넣는다.

소금이나 시나몬 가루를 취향에 따라 추가한 뒤 완전히 부드러운 상태가 되도록 블랜더를 작동시킨다. 한두 번 정도 작동을 멈추고 용기 벽에 묻은 재료를 가운데로 긁어서 모아둔다.

작은 그릇에 나눠 담고 원하는 대로 장식을 올려서 낸다.

재료 팁
* 236쪽에 추천 브랜드가 나와 있다. ●

조리 팁
섞을 때 핸드 블랜더를 사용해도 되고, 미니 푸드 프로세서를 사용해도 된다. 큰 푸드 프로세서를 사용하는 경우 재료를 2배 분량으로 늘려서 만드는 것이 좋다. 거품기로 직접 저어서 만들어도 된다. ●

사과 크럼블

재료 준비 15분 · 조리 시간 45~50분 · 4인분

필링 재료

녹색 사과 4개, 껍질 벗기고 얇게
썰어서 준비

레몬 1/2개, 즙내서 준비

토핑 재료

아몬드 가루나 다른 견과류 가루
1컵과 1/4컵, 시판 제품*이나 직접
만든 것(225쪽 참고)으로 준비

무염버터나 코코넛 오일 녹인 것
1/4컵

시나몬 가루 1티스푼

천일염 약간

오븐 팬에 바를 무염버터나 코코넛
오일 녹인 것 1스푼

오븐을 175도로 예열한다.

필링 만들기: 볼에 사과와 레몬즙, 시나몬 가루를 넣고
섞는다.

토핑 만들기: 다른 볼에 아몬드 가루와 버터 또는 코코넛
오일, 시나몬 가루, 소금을 넣고 모든 재료가 완전히
섞이도록 잘 저어준다.

가로세로 9인치(약 22센티미터) 오븐 팬이나 크기가 그와
비슷한 오븐 용기 안쪽에 녹인 버터나 코코넛 오일을
붓으로 바른다.

준비한 사과를 평평하게 담고 토핑을 균일하게 덮는다.

호일로 위를 덮어서 20분 정도 구운 뒤 호일을 벗기고
다시 25-30분 정도, 또는 사과가 연해지고 토핑
가장자리가 노릇해질 때까지 굽는다.

재료 팁
* 236쪽에 추천 브랜드가 나와 있다. ●

조리 팁
내 경험상, 여러분도 21일간의 설탕 디톡스가 끝난 뒤에도
이 레시피를 즐겨 활용하게 될 것이다. 별로 힘들이지 않아도
뚝딱 만들어서 후식으로 즐길 수 있고, 설탕을 뺐어도 꽤나
달달한 간식이다. ●

견과류
달걀
가지속 채소
포드맵
해산물

아몬드 버터 컵 샌드

재료 준비 15분 · 6인분 / 12개 분량

과자 재료

코코넛 오일 녹인 것 1/4컵

코코넛 버터*, 말랑하게 녹인 것
1/4컵

무가당 코코아 가루* 1/2컵

순수 바닐라 추출물 1/2티스푼

천일염 약간

시나몬 가루 약간

필링 재료

아몬드 버터* 또는 다른 견과류
버터 3스푼

코코넛 오일 1스푼

천일염 약간

재료 팁
* 236쪽에 추천 브랜드가
  나와 있다. ●

12구 미니 머핀 틀에 유산지를 깔아둔다.

과자 만들기: 중간 크기의 볼에 과자 재료를 모두 넣고
잘 저어준다. 섞은 재료를 머핀 틀마다 0.3~0.4 센티미터
높이로 나눠 담는다(1티스푼 정도). 머핀 틀을 냉장고나
냉동실에 넣어서 굳힌다.

과자가 굳는 동안 필링을 만든다. 작은 볼에 필링 재료를
모두 넣고 잘 섞는다.

섞인 필링 반죽을 위생 팩에 담아 한쪽 모서리로 모으고
봉지 끝을 가위로 살짝 자른다.

냉장고나 냉동실에 넣어둔 머핀 틀을 꺼내고 굳은 과자
한가운데에 필링을 조금씩(1/2티스푼 정도) 나눠 담는다.
가득 채우지 말고 과자 가장자리 부분은 조금 남겨둔다.

남은 과자 반죽을 필링 위에 균일하게 나눠 담는다.

머핀 틀을 다시 냉장고나 냉동실에 넣어서 굳힌다. 차갑게
내거나 실온 상태로 낸다.

혼합 양념

혼합 양념을 미리 만들어두면 이 책에 소개된 요리에 사용하거나 다른 요리에도 활용할 수 있다.

스모키 스파이스 블랜드

치포틀레 고춧가루 1스푼

훈제 파프리카 가루 1스푼

양파 가루 1스푼

시나몬 가루 1/2스푼

천일염 1스푼

흑후추 1/2스푼

준비 시간 5분 · 5스푼 분량

볼에 재료를 모두 담고 섞는다. 작은 용기에 담아서 보관한다.

이탈리안 소시지 스파이스 블랜드

천일염 1티스푼

회향 씨앗, 가루로 빻은 것 1스푼

세이지 가루 1스푼

마늘 과립 1스푼

양파 가루 1스푼

백후추 1/4티스푼(또는 흑후추 1티스푼)

말린 파슬리 2티스푼(생략 가능)

준비 시간 5분 · 5스푼 분량

볼에 재료를 모두 담고 섞는다. 작은 용기에 담아서 보관한다.

소시지 만들 때 고기 450그램당 2스푼을 넣는다.

초리조 스파이스 블랜드

치포틀레 고춧가루 2스푼

훈제 파프리카 가루 1스푼

양파 가루 1스푼

마늘 과립 1스푼

천일염 1/2스푼

흑후추 1티스푼

준비 시간 5분 · 6스푼 분량

볼에 재료를 모두 담고 섞는다. 작은 용기에 담아서 보관한다.

고기 450그램당 초리조 스파이스 블랜드 2스푼과 애플사이다 식초 1스푼을 넣는다.

달콤 짭짜름한 스파이스 블랜드

마늘 과립 1스푼

양파 가루 1스푼

시나몬 가루 1스푼

파프리카 가루 1스푼

쿠민 가루 1티스푼

흑후추 1스푼

천일염 2티스푼

준비 시간 5분 · 6스푼 분량

볼에 재료를 모두 담고 섞는다. 작은 용기에 담아서 보관한다.

재료 팁
가지속 채소 없이 만들려면?
파프리카 가루, 칠리 가루, 치포틀레 고춧가루, 붉은 고춧가루는 빼고 만들자. ●

포드맵 없이 만들려면?
양파 가루와 마늘 과립은 빼고 만들자. ●

정제 버터와 기(ghee)

재료 준비 15분 · 6인분 / 12개 분량

무염버터 약 900그램, 초목 먹고 자란 소에서 얻은 재료로 만든 것((케리골드 (Kerrygold), 스모어(SMJÖR), 오가닉 패스처 (Organic Pastures), 오가닉 밸리 패스처 버터(Organic Valley Pasture Butter))을 추천한다.

차가운 곳에 보관할 것
정제 버터와 기(ghee)는 제대로 만들면 실온에 두어도 된다. 그러나 우유의 고형 성분을 완전히 제거하지 않거나 집 안 온도가 높은 경우 예상보다 일찍 변질될 수 있다. 오래 두고 사용하려면 냉장보관하면 된다. ●

정제버터 만드는 법: 묵직한 중간 크기 소스 냄비에 버터를 넣고 약한 불에서 서서히 녹인다. 버터가 끓기 시작하면 유고형분이 위로 떠오르고 거품이 생기면서 분리된 지방은 아주 투명한 상태가 된다. 유고형분을 걷어내고 불을 끈다. 천에 1번 걸러서 남은 유고형분을 제거하고 유리병에 담아서 보관한다.

기(ghee) **만드는 법:** 정제버터 만드는 방법을 그대로 따르되, 유고형분이 분리되면 그대로 둔다. 서서히 갈색으로 변해서 팬 바닥에 가라앉을 때까지 계속 끓인다. 색이 변하고 가라앉는 고형 성분이 없어지면 완성된 것이다. 천에 걸러서 갈색 고형 성분을 제거하고 액체만 유리병에 담아서 보관한다.

건강한 수제 마요네즈

재료 준비 15분 · 3/4컵 분량

달걀 2개, 흰자만 분리해서 준비

생레몬즙 1스푼

무글루텐 디종 머스터드* 1티스푼

마카다미아 넛 오일, 또는 다른 오일 1/2컵(61쪽 참고)

엑스트라 버진 올리브유 1/4컵

재료 팁
* 236쪽에 추천 브랜드가 나와 있다. ●

조리 팁
재료를 직접 젓는 대신 핸드 블랜더나 소형 블랜더를 사용하여 만드는 방법도 있다. 일반적인 크기의 블랜더를 사용할 경우 재료를 2배로 늘리면 만들기가 쉽다. 블랜더 뚜껑의 작은 구멍으로 오일을 조금씩 흘려 넣으면 된다. ●

중간 크기의 볼에 달걀흰자와 레몬즙, 머스터드를 넣고 30초 정도, 밝은 노란색이 되도록 휘저어 섞는다. 계속 저으면서 마카다미아 넛 오일 1/4컵 을 한 번에 아주 소량씩 섞는다. 나머지 오일 1/4컵과 올리브유도 조금씩 넣으면서 되직하고 밝은 색을 띨 때까지 계속 젓는다.

냉장보관하면 일주일까지 두고 먹을 수 있다.

뼈 육수

재료 준비 5분 • 조리 시간 5~24시간 • 약 2.4 리터 분량

견과류
달걀
가지속 채소
포드맵
해산물

여과한 물 3.8리터

뼈 약 700~900그램(소의 도가니나 골수가 함유된 뼈, 살코기가 붙어 있는 뼈, 닭이나 칠면조의 목뼈, 지육뼈, 기타 구할 수 있는 뼈)

애플사이다 식초* 2스푼

천일염 2티스푼

마늘 1통, 마늘만 분리한 뒤 껍질 벗겨서 으깬 것(생략 가능)

재료 팁
* 236쪽에 추천 브랜드가 나와 있다. ●

포드맵 없이 만들려면?
마늘은 빼고 만들자. ●

6리터 크기의 슬로우 쿠커에 재료를 모두 넣는다. 고온으로 설정하여 끓인다. 끓기 시작하면 저온으로 낮추고 그대로 8시간에서 24시간까지 끓인다. 오래 끓일수록 좋다.

슬로우 쿠커의 전원을 끄고 육수를 실온에서 식힌다. 촘촘한 체나 일반 채반에 면보를 깔고 육수를 거른다. 유리병에 담아 냉장보관하면 일주일까지 두고 먹을 수 있고, 얼려두었다가 사용해도 된다.

육수를 끓인 후 표면에 고체로 떠오른 지방은 모두 제거한다. 완성된 육수는 그대로 마시거나 수프, 스튜, 또는 수프 스톡이나 육수가 들어가는 모든 요리에 활용할 수 있다.

아몬드 밀크, 아몬드 가루

재료 준비 8시간 + 10분 · 2컵 분량

생아몬드 2컵

물 7컵, 나눠서 사용

풍미를 더해줄 재료(생략 가능)

순수 바닐라 추출액 1/2~1티스푼
(추천)

시나몬 가루 1/2티스푼

무가당 코코아 가루* 1/2티스푼

견과류
달걀
가지속 채소
포드맵
해산물

아몬드 밀크 만드는 법: 유리 용기나 재료를 흡수하지 않는 재질의 용기에 아몬드와 물을 담고 뚜껑을 덮어서 어두운 곳에 하룻밤, 또는 8시간 동안 두고 아몬드를 불린다.

불린 물을 버리고 깨끗한 물에 아몬드를 헹군다.

블랜더에 불린 아몬드를 담고 물 3컵을 부은 뒤 고속으로 2분간 분쇄한다. 볼을 아래에 놓고 견과류 밀크 전용 거름망이나 면보에 부어서 액체만 얻는다. 걸러내고 남은 덩어리는 따로 보관해둔다. 우유에 맛을 더하려면 블랜더를 1번 헹군 뒤 우유를 다시 담고 추가 재료를 넣어서 다시 한 번 갈아준다.

완성된 아몬드 우유는 냉장보관하면 5일까지 두고 먹을 수 있다.

아몬드 가루 만드는 법: 우유를 거르고 남은 고체를 오븐에 넣고 75~95도에서 3~4시간 정도, 또는 완전히 건조될 때까지 가열하여 수분을 제거한다. 푸드 프로세서에 1번 돌려서 큰 덩어리를 잘게 쪼갠 뒤 냉장 보관한다. 아몬드 가루가 들어가는 요리에 모두 사용할 수 있다.

재료 팁

* 236쪽에 추천 브랜드가 나와 있다. ●

특별한 도구

견과류 우유 전용 거름망은 이와 같은 우유를 만드는 데 활용할 수 있도록 만들어진 제품이다. 설탕 디톡스 21일 웹 사이트(balancedbites. com/21DSD)에 방문하면 추천 브랜드를 확인할 수 있다. ●

조리 팁

블랜텍(Blendtec)이나 비타믹스(Vitamix) 블랜더와 같이 출력이 센 고성능 블랜더를 사용하면 최상의 결과물을 얻을 수 있다. ●

감미료 뺀 케첩

재료 준비 10분 · 조리 시간 4시간 · 약 450그램 분량

견과류
달걀
가지속 채소
포드맵
해산물

양파 작은 것 1개, 잘게 다져서 준비

녹색 사과 2개, 껍질 벗기고 작게 잘라서 준비

마늘 2톨, 다져서 준비

천일염 1/2티스푼

올스파이스 1/4티스푼

시나몬 가루 1/4티스푼

정향 가루 약간

생강 가루 1/4티스푼

애플사이다 식초 2스푼

물 1/4컵

토마토 페이스트 170그램

슬로우 쿠커에 재료를 모두 넣고 저어서 잘 섞어준다. 온도를 저온으로 설정하고 4시간 동안 끓인다.

살짝 식힌 후 푸드 프로세서나 고출력 블랜더에 붓고 재료가 모두 부드럽게 섞이도록 갈아준다.

참고사항: 따뜻한 음식을 블랜더나 푸드 프로세서로 갈 경우 열로 인해 부피가 팽창하여 넘쳐흐를 수 있으므로 용기에 가득 담으면 안 된다.

다 섞은 케첩은 유리 용기에 담아서 실온에 두었다가 냉장보관한다.

냉장보관하면 몇 주 동안 사용할 수 있다. 색, 냄새가 변하거나 곰팡이가 생기면 버리고 새로 만들어야 한다.

간편한 마리나라 소스

재료 준비 10분 · 조리 시간 30분 · 4인분 · 약 680그램 분량

베이컨 기름이나 라드, 코코넛 오일,
기타 식용유지 2스푼

양파, 잘게 썬 것 1/2컵

천일염과 흑후추 약간

마늘 2~3톨, 갈거나 다져서 준비

잘게 썬 토마토 약 800그램

잘게 썬 생바질 잎 1스푼

엑스트라 버진 올리브유 2스푼
(마지막에 사용)

소스 냄비에 오일이나 지방을 넣고 중불에서
가열한다. 양파를 넣고 투명해질 때까지 5분
정도 볶는다. 소금과 후추로 간을 한다.

마늘을 추가하고 30초간 더 볶는다. 이어
토마토를 넣고 소금과 후추로 간을 한 뒤
골고루 섞는다. 약불로 낮추고 15~20분간
그대로 익힌다.

바질을 넣고 5분간 더 끓인다.

주키니 호박 국수 위에 뿌려서 낸다(사진 참고).
마지막에 엑스트라 버진 올리브유를 뿌리면
풍미가 더해진다.

"

아래의 소스와 드레싱은 모두 재료를 작은 볼에 전부 넣고 세게 휘저어서 섞으면 된다. 완성되면 유리로 된 밀폐용기에 담아서 냉장보관한다. 일주일까지 두고 먹을 수 있다.

아보카도 소스

재료 준비 5분 · 4인분 · 약 반 컵 분량

견과류
달걀
가지속 채소
포드맵
해산물

보카도 반 개

지방이 그대로 함유된 코코넛 밀크* 1/4컵

레몬 반 개, 즙내서 준비

마늘 1/2톨, 다지거나 갈아서 준비

잘게 썬 생골파 1~2티스푼

천일염, 흑후추 약간

부드러운 생강 라임 드레싱

재료 준비 5분 · 4인분 · 약 반 컵 분량

견과류
달걀
가지속 채소
포드맵
해산물

다진 생강 1/2~1티스푼

라임 반 개, 껍질은 잘게 갈고 즙내서 준비

지방이 그대로 함유된 코코넛 밀크* 1/4컵

마카다미아 넛 오일 1/4컵 과 2스푼

매콤한 참깨 생강 드레싱

재료 준비 5분 · 4인분 · 약 반 컵 분량

견과류
달걀
가지속 채소
포드맵
해산물

냉압착 참기름 1/4컵

라임 2개, 즙내서 준비

다진 생강 1/2~1티스푼

붉은 고춧가루 약간(가지속 채소 없이 만들려면 생략한다.)

천일염, 흑후추 약간

아보카도 오이 소스

재료 준비 5분 · 4인분 · 약 반 컵 분량

견과류
달걀
가지속 채소
포드맵
해산물

아보카도 한 개

오이채 1/4컵

마늘 작은 것 1톨, 갈아서 준비

레몬 1개, 즙내서 준비

엑스트라 버진 올리브유 2스푼

천일염, 흑후추 약간

잘게 다진 딜 1티스푼

재료 팁
* 236쪽에 추천 브랜드가 나와 있다. ●

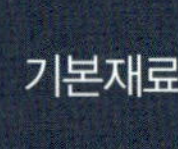

발사믹 비네그레트 드레싱

재료 준비 5분 · 8인분 · 1컵 분량

견과류
달걀
가지속 채소
포드맵
해산물

발사믹 식초 1/3컵

엑스트라 버진 올리브유 2/3컵

무글루텐 디종 머스터드 1티스푼

셜롯이나 마늘 다진 것 1/2티스푼

천일염, 흑후추 약간

말린 오레가노나 바질 1/2티스푼
(생략 가능)

유리로 된 밀폐용기에 재료를 모두 넣고 흔들어서 섞어준다.

라벨을 붙이고 냉장보관한다. 한 달까지 두고 먹을 수 있다.

레몬 허브 드레싱

재료 준비 5분 · 8인분 · 1컵 분량

견과류
달걀
가지속 채소
포드맵
해산물

생레몬즙 1/2즙

엑스트라 버진 올리브유 2/3컵

무글루텐 디종 머스터드 1티스푼

다진 셜롯 1/2티스푼

천일염, 흑후추 약간

잘게 썬 생고수나 바질 1/2티스푼
(생략 가능)

유리로 된 밀폐용기에 재료를 모두 넣고 흔들어서 섞어준다.

라벨을 붙이고 냉장보관한다. 한 달까지 두고 먹을 수 있다.

Oregano
Balsamic
Vinaigrette

탄수화물 칼로리 계산법

친구와 설탕 디톡스 21일 프로그램을 같이 시작했더라도 끼니마다 먹는 음식은
각기 다를 수 있다. 정신 바짝 차려야 한다!

건강한 음식으로 섭취하는 탄수화물 적정 섭취량	전반적인 생활 방식 활동량과 스트레스 수준
최소 수준* 0~30그램/일	신체 활동량이 없는 사람, 또는 인슐린 저항성이 있어서 당이 대사되는 방식에 큰 폭의 변화를 기대하는 사람, 케톤 생성 식이요법에 관심이 있는 사람. 몸을 전반적으로 건강한 상태로 만들고 싶은 사람에게는 불필요한 방법이며, 권하지 않는다.
적은 수준 30~75그램/일	활동량이 많지 않거나, 심혈관 건강에 좋은 강도 높은 활동을 하는 시간이 하루 20분 미만인 사람. 무거운 것을 드는 운동이나 근력강화 운동을 하는 사람에게도 대부분 적합하다. 케톤 생성 식이요법에 관심이 있는 사람(탄수화물 섭취량을 최대 50그램으로 제한한 사람)에게도 알맞다. 많은 사람들에게 건강에 도움이 되는 수준이다.
적당한 수준 75~150그램/일	신체 활동량이 적당한 수준인 사람, 또는 강도 높은 심혈관 강화 활동을 하루 20분 이상 60분 미만 실시하는 사람. 직업상 몸을 많이 움직이거나, 일상생활에서 활동량이 많거나, 스트레스가 다소 많은 사람. 많은 사람들에게 건강에 도움이 되는 섭취 수준이다.
많은 수준 150그램/ 이상 (최대 300그램까지)	강도 높은 심혈관 강화 활동을 하루 60분 이상 실시하는 사람, 지속적으로 몸을 매우 많이 움직이는 일을 하는 사람, 일상생활에 정신적, 육체적으로 압박이 심하고 스트레스가 매우 많은 사람. 활동량이 매우 많거나 스트레스 수준이 아주 높은 사람들에게는 건강에 도움이 되는 섭취 수준이다.

* 탄수화물을 최소 수준으로만 장기간 섭취할 경우 탄수화물 함량이 높은 식품에 함유된 이로운 미세영양소 중 일부를 얻지 못할 수 있으므로, 대부분의 사람들에게는 권하지 않는다. 내장까지 포함해서 동물 전체를 한 부분도 빠짐없이 음식으로 만들어서 먹는다면 이런 문제를 피할 수 있지만 요즘 동물을 그런 식으로 먹는 사람은 거의 없다. 더불어, 탄수화물은 위에 건강한 미생물이 균형 있게 형성되도록 하므로(미생물 균형) 소화 기능을 적정 수준으로 유지하기 위해서라도 양질의 탄수화물을 섭취해야 한다.

탄수화물 함량이 높은 채소

설탕 디톡스 21일 프로그램 레벨별로 섭취열량을 조정할 때
참고할 수 있는 탄수화물 식품 정보

식품명	100그램당 탄수화물 함량	100그램당 섬유질 함량	1컵당 탄수화물 함량	기타 주요 영양소
카사바 (익히지 않은 것)	38g	2g	78g	비타민 C, 티아민, 엽산, 칼륨, 망간
타로 뿌리	35g	5g	46g, 얇게 썬 것	비타민 B6, 비타민 E, 칼륨, 망간
플랜테인	31g	2g	62g, 으깬 것	비타민 A(베타카로틴), 비타민 C, 비타민 B6, 망간, 칼륨
참마	27g	4g	37g, 깍둑 썬 것	비타민 C, 비타민 B6, 망간, 칼륨
흰 감자	22g	1g	27g, 껍질 벗긴 것	비타민 C 극미량
고구마	21g	3g	58g, 으깬 것	비타민 A(베타카로틴), 비타민 C, 비타민 B6, 엽산, 망간, 마그네슘, 철, 비타민 E
파스닙	17g	4g	27g, 얇게 썬 것	비타민 C, 망간
연근	16g	3g	19g, 얇게 썬 것	비타민 C, 비타민 B6, 칼륨, 구리, 망간
겨울호박	15g	4g	30g, 깍둑 썬 것	비타민 C, 티아민, 비타민 B6
양파	10g	1g	21g, 잘게 썬 것	비타민 C, 칼륨
비트	10g	2g	17g, 얇게 썬 것	엽산, 망간
버터넛 호박	10g	–	22g	비타민 A(베타카로틴), 비타민 C

달걀 뺀 아침 식사 메뉴 15종

달걀을 먹을 수 없거나 아침 식단에 변화를 주고 싶은 사람에게
알맞은 메뉴를 소개한다.

1. 아몬드 밀크 또는 코코넛 밀크 스무디(104~105쪽)

2. 머스터드 바른 닭 허벅지살 요리(126쪽)와 녹색 채소

3. 녹색 사과가 들어간 아침 식사용 소시지(106쪽), 녹색 채소

4. 커리 양념과 시나몬, 버터넛 호박을 넣어 함께 조리한 쇠고기 다짐육

5. 베이컨으로 돌돌 만 닭 허벅지살

6. 잘게 썬 아보카도와 올리브, 레몬즙을 곁들인 야생 연어 통조림

7. 잘게 썬 베이컨과 함께 익힌 쇠고기 다짐육(천일염, 흑후추, 마늘 가루, 양파 가루, 시나몬 가루를 넣어서 익힌 것)과 국수호박

8. 코코넛 버터, 시나몬 가루를 곁들여 익힌 도토리호박과 베이컨, 아침 식사용 소시지

9. 양배추 곁들인 로즈마리 연어(108쪽)

10. 커리 가루, 시나몬 가루, 녹색 사과, 근대를 곁들여 구운 닭 허벅지살

11. 그리스식 미트볼(141쪽)과 허브향 가득 으깬 컬리플라워(191쪽)

12. 아보카도, 오이, 골파와 함께 김에 돌돌 만 훈제 연어

13. 베이컨 뿌리채소 볶음(107쪽)과 아침 식사용 소시지

14. 로즈마리, 천일염, 흑후추와 함께 구운 닭과 코코넛유에 살짝 볶아 시나몬 가루를 곁들인 당근 슬라이스

15. 칠면조 고기와 베이컨 넣은 클럽 샐러드: 로메인 상추를 작게 썰고, 얇게 썬 칠면조 가슴살과 구운 베이컨, 토마토, 아보카도를 올린다.

pinterest.com/21daysugardetox/autoimmune-breakfast/

설탕 디톡스 21일 프로그램의 핀터레스트 게시판에서 자가 면역 기능을 키워주는 더 많은 메뉴 아이디어와 정보를 얻을 수 있다.
곡물, 콩, 유제품, 달걀, 가지속 채소, 견과류, 씨앗 없이 만드는 아침 식사 메뉴들로 구성된다.

웹 사이트, 블로그

레시피를 제공하는 블로그와 설탕 디톡스 21일 프로그램을
완료한 사람들이 운영하는 사이트 목록이다.

레시피 블로그

Against All Grain // againstallgrain.com

Chowstalker // stalkerville.net

Civilized Caveman Cooking Creations // civilizedcavemancooking.com

Fast Paleo // fastpaleo.com

The Food Lover's Primal Palate // primalpalate.com

Grass Fed Girl // grassfedgirl.com

The Paleo Mom // thepaleomom.com

Paleo Parents // paleoparents.com

The Paleo Pot // paleopot.com

The Paleo Professional // thepaleoprofessional.blogspot.com

PaleOMG // paleomg.com

TGIPaleo // tgipaleo.com

The Urban Poser // theurbanposer.com

Zenbelly Blog // zenbellycatering.com

설탕 디톡스 21일 프로그램의 체험이 담긴 사이트

Babble + bloom // babbleandbloom.com

Butterflies, peace, paleo // butterfliespeacepaleo.blogspot.com

ExSoyCise // exsoycise.com

Fire Wifey // firewifey.com

Fresh 4 Five // fresh4five.com

Funky's Evolution // funkysevolution.blogspot.com

Half Indian Cook // halfindiancook.com

Healthy Mom on the Run // healthymomontherun.com

Naturally Homemade // naturallyhomemade.blogspot.com

Oh me of little faith // ohmeoflittlefaith.com

Paleo Foodie Kitchen // paleofoodiekitchen.com

Popular Paleo // popularpaleo.com

Purplekat's Kitchen // purplekatskitchen.blogspot.com

South Beach Primal // southbeachprimal.com

The Paleo Prize // thepaleoprize.com

The Rudd Manor Kitchen // kristenrudd.com

balancedbites.com/21DSD
필자의 웹 사이트에 마련된 링크를 통해 위의 웹 사이트와 블로그를 언제든 간편하게 방문할 수 있다.

21일간의 설탕 디톡스 기간은 물론 그 이후에도 참고할 만한 추천 제품 정보를 모았다.
분류별로 알파벳 순서에 따라 정리했다.

신선식품

- **애플게이트 팜스 미트**(APPLEGATE FARMS MEATS)
일반 식료품 판매점에서 구입할 수 있다. 즉석섭취용 육류, 베이컨

- **버비스 사우어크라프트**(BUBBIES SAUERKRAUT)
일반 식료품 판매점에서 구입할 수 있다. 제품에 사용된 향미료도 모두 검증을 받았다. 그래도 염려되면 성분표를 확인하기 바란다.

- **패브 퍼먼츠**(FAB FERMENTS)
온라인(fabferments.com)에서 구입할 수 있다.

- **지티스 시너지**(G.T.'S SYNERGY)
홀푸드마켓(Whole Foods Market)이나 일반 식료품 판매점에서 구입할 수 있다. 다양한 맛의 곰부차를 판매한다.

- **피츠 팔레오**(PETE'S PALEO)
온라인(petespaleo.com)에서 구입할 수 있다. 설탕 디톡스 21일 프로그램에 알맞은 육류와 베이컨을 판매한다.

- **리얼 피클**(REAL PICKLES)
홀푸드마켓(Whole Foods Market), 지역 유기농식품 판매점, 협동조합 매장에서 판매된다.

- **테스메이스 올 내추럴**(TESSEMAE'S ALL NATURAL)
온라인(tessemaes.com)이나 홀푸드마켓(Whole Foods Market)에서 구입할 수 있다. 드레싱, 절임양념, 찍어 먹는 소스 추천 제품: 발사믹(Balsamic), 크랙트 페퍼(Cracked Pepper), 핫소스 겸 윙 소스(순한 맛, 중간 매운맛, 매운맛), 오일 프리 이탈리안(Oil–Free Italian), 레몬 체서피크(Lemon Chesapeake), 레몬 갈릭(Lemon Garlic), 레모네트(Lemonette), 레드 와인 비네그레트(Red Wine Vinaigrette), 제스티 랜치(Zesty Ranch), 소이 진저(Soy Ginger) 소스와 매티스 바비큐(Matty's BBQ) 소스는 추천 제품에서 제외된다. (오일 프리 제품을 구입한 경우 '카산드리노스(Kasandrinos)'브랜드의 엑스트라 버진 올리브유를 추가해서 먹는 것이 좋다.)

- **홀리 과카몰리**(WHOLLY GUACAMOLE)
온라인(eatwholly.com)이나 홀푸드마켓(Whole Foods Market), 트레이더 조(Trader Joe's), 코스트코(Costco), 지역 유기농식품 판매점, 협동조합 매장에서 판매된다.

- **와일드브라인**(WILDBRINE)
홀푸드마켓(Whole Foods Market), 지역 유기농식품 판매점, 협동조합 매장에서 판매된다. 다양한 맛의 사우어크라프트를 구입할 수 있다.

설탕 디톡스 21일 프로그램에 잘 맞는 육포 제품

- **팔레오 저키**(PALEO JERKY)
온라인(huntedandgathered.com.au)으로 구입할 수 있다. 설탕이 함유되어 있으나 무시할 만한 양이므로 설탕 디톡스 기간에도 먹을 수 있다.

- **소피아스 서바이벌 푸드**(SOPHIA'S SURVIVAL FOOD)
온라인(grassfedjerkychews.com)으로 구입할 수 있다. 쇠고기 저키 순한 맛과 매운 맛을 추천한다. 치포틀레 레이즌(Chipotle Raisin) 맛 제품은 끝내주게 맛있지만 설탕 디톡스가 다 끝난 다음에 먹어보기 바란다!

- **스티브스 오리지널**(STEVE'S ORIGINAL)
온라인(stevespaleogoods.com)으로 구입할 수 있다. 저스트 저키(Just Jerky)와 팔레오스틱스(PaleoStix) 브랜드 제품을 추천한다.
추천 제외 제품: 버키(Berky), 말린 과일 제품, 팔레오키트(PaleoKits), 팔레오크런치(PaleoKrunch)

- **유에스 웰니스 미츠**(US WELLNESS MEATS)
온라인(bit.ly/USWMBB)으로 구입할 수 있다. 육포, 페미컨 제품을 추천한다.
추천 제외 제품: 허니 앤 체리(Honey & Cherry) 맛 제품.

지방과 식용유지

- **아티사나**(ARTISANA), **누티바**(NUTIVA) **브랜드**
온라인(artisana.com, 또는 Amazon.com)이나 지역 식료품 판매점에서 판매된다. 코코넛 오일을 추천한다.

- **팻웍스**(FATWORKS)
온라인(fatworksfoods.com)으로 구입할 수 있다. 오리 기름, 라드, 수지 제품을 추천한다.

- **카산드리온 올리브 오일**(KASANDRINOS OLIVE OIL)
온라인(kasandrinos.com)으로 구입할 수 있다.

- **케리골드 버터**(KERRYGOLD BUTTER)
트레이더 조(Trader Joe's), 코스트코(Costco), 홀푸드마켓(Whole Foods Market)이나 지역 식료품 판매점에서 구입할 수 있다.

- **퓨어 인디언 푸드 기**(PURE INDIAN FOODS GHEE)
온라인(pureindianfoods.com 또는 Amazon.com)이나 지역 식료품 판매점에서 구입할 수 있다.

- **스모어 버터**(SMJÖR BUTTER)
식료품 판매점에서 구입할 수 있다.

- **트로피컬 트래디션스**(TROPICAL TRADITIONS)
다음 '견과류와 베이킹 제품'항목에서도 추천하는 브랜드다. 온라인(tropicaltraditions.com)으로 구입할 수 있다. 코코넛 오일을 추천한다. (개인적으로는 '그린 라벨(Green Label)'제품이 가장 맛있다.)

- **와일더니스 패밀리 네추럴스**(WILDERNESS FAMILY NATURALS)
온라인(wildernessfamilynaturals.com)으로 구입할 수 있다. 유기농 코코넛 오일, 천연 레드팜 오일, 참기름, 올리브유 제품과 '메리스 소테 오일(Mary's Sauté Oil)'을 추천한다. 마지막 제품은 《Know Your Fats》의 저자 메리 에니그(Mary Fnig)이 이름을 따서 만든 제품으로, 순수 코코넛 오일과 엑스트라버진 올리브유, 비정제 참기름으로 구성된다.

소스와 드레싱

'신선식품' 추천 목록도 함께 참고하기 바란다.

- **애니스**(ANNIE'S) **브랜드와 에덴 푸드**(EDEN FOODS)
온라인(Amazon.com)이나 홀푸드마켓(Whole Foods Market), 지역 식료품 판매점에서 구입할 수 있다. 무글루텐 머스터드 제품을 추천한다.

- **애리조나 건슬링어**(ARIZONA GUNSLINGER)
온라인(azgunslinger.com)이나 지정된 소매업체에서 구입할 수 있다. 오가닉 하베스트(Organic harvest) 제품 중 무글루텐 핫 소스를 추천한다.

- **바이오네이처**(BIONATURAE)
온라인(tropicaltraditions.com)이나 홀푸드마켓(Whole Foods Market)에서 구입할 수 있다. 발사믹 식초를 추천한다.

- **브래그스**(BRAGG'S)
지역 식료품 판매점에서 구입할 수 있다. 유기농 애플사이다 식초를 추천한다.

- **코코넛 시크릿**(COCONUT SECRET)
온라인(coconutsecret.com 또는 Amazon.com)이나 홀푸드마켓(Whole Foods Market), 지역 유기농식품 판매점, 협동조합 매장에서 구입할 수 있다. 코코넛 아미노스, 코코넛 식초 제품을 추천한다.

- **프랭크스 레드핫**(FRANKS REDHOT)
온라인(tranksredhot.com 또는 Amazon.com), 주요 식료품 판매점에서 구입할 수 있다.

- **레드 보트 피쉬소스**(RED BOAT FISH SAUCE)
온라인(redboatfishsauce.com)이나 홀푸드마켓(Whole Foods Market), 지역 식료품 판매점에서 구입할 수 있다.

구체적인 제품명이 나와 있지 않은 항목은 해당 브랜드
제품 전체가 설탕 디톡스 21일 프로그램에 적합하다고 보면 된다.
그러나 항상 식품 포장에 나와 있는 성분을 확인하고,
각자의 디톡스 레벨과 식단 조정에 관한 사항을 유념하여
먹어도 되는 식품인지 판단하기 바란다.

여기 제시된 추천 제품을 비롯해 더 많은 제품을 바로 확인할 수
있는 링크가 설탕 디톡스 웹 사이트(balancedbites.com/21DSD)에
나와 있다.

코코넛 버터, 견과류, 버터, 각종 가루 제품

- **아티사나**(ARTISANA), **누티바**(NUTIVA) **브랜드**
  온라인(artisana.com 또는 Amazon.com)이나 지역 유기농식품 판매점, 협동조합 매장에서 구입할 수 있다.
  추천 제품: 아몬드 버터(구운 아몬드 또는 생아몬드), 코코넛 버터, 코코넛 만나(coconut manna). 모두 병 포장 제품이나 여행용 소포장 제품으로 판매된다.
  추천 제외 제품: 캐슈, 호두, 피칸, 마카다미아 버터 제품(모두 캐슈 성분이 섞여 있다). '카카오 블리스(Cacao Bliss)'제품도 정말 맛있지만 설탕 디톡스가 끝난 뒤에 먹어보기 바란다!

- **바니 버터**(BARNEY BUTTER)
  온라인(barneybutter.com 또는 Amazon.com)에서 구입할 수 있다. '바니 베어(Barney Bare)'제품만 추천한다.

  추천 제외 제품: 스무스(smooth), 크런치(crunchy), 짜서 먹는 소포장 세트(현재 '바니 베어'제품은 짜서 먹는 소포장으로는 판매되지 않는다.)

- **밥스 레드 밀**(BOB'S RED MILL)
  온라인(bobsredmill.com 또는 Amazon.com)이나 주요 식료품 판매점에서 구입할 수 있다. 아몬드 가루, 코코넛 가루, 헤이즐넛 가루 제품을 추천한다.

- **허니빌**(HONEYVILLE)
  온라인(honeyville.com)에서 구입할 수 있다. 표백 아몬드 가루 제품을 추천한다.

- **저스틴스 넛 버터**(JUSTIN'S NUT BUTTER)
  온라인(justins.com 또는 Amazon.com)이나 지역 식료품 판매점에서 구입할 수 있다. '오리지널(Original)'제품만 추천한다. 병 포장 제품이나 여행용 소포장 제품으로 판매된다.
  추천 제외 제품: 허니 버터, 메이플 버터, 초콜릿 버터, 바닐라 아몬드 버터, 땅콩 버터 제품 전체. 초콜릿 헤이즐넛 버터

- **마라나타**(MARANATHA)
  온라인(maranathafoods.com 또는 Amazon.com)이나 홀푸드마켓(Whole Foods Market), 유기농식품 판매점에서 구입할 수 있다. 아몬드 버터, 해바라기씨 버터, 참깨 타히니 제품을 추천한다.

- **원스 어게인 넛 버터스**(ONCE AGAIN NUT BUTTERS)
  온라인(onceagainnutbutter.com)이나 홀푸드마켓(Whole Foods Market)에서 구입할 수 있다. 아몬드 버터, 타히니 제품을 추천한다.

- **팔레오 미넛 버터**(PALEO MEENUT BUTTER)
  온라인(meeeatpaleo.com)으로 구입할 수 있다.

- **선버터**(SUNBUTTER) – 견과류가 들어 있지 않은 제품
  온라인(sunbutter.com 또는 Amazon.com), 식료품 판매점에서 구입할 수 있다. 유기농 무가당 제품만 추천한다.

- **타이 키친**(THAI KITCHEN)
  온라인(Amazon.com)이나 식료품 판매점에서 구입할 수 있다. 지방이 모두 함유된(full fat) 코코넛 밀크 통조림 제품을 추천한다.

- **트레이더 조**(TRADER JOE'S)
  매장 정보는 트레이더 조 웹 사이트(traderjoes.com)에 나와 있다. 해바라기씨 버터(무가당 제품 – 제품 성분을 확인하기 바란다), 아몬드 버터 제품을 추천한다.

- **트로피컬 트래디션스**(TROPICAL TRADITIONS)
  온라인(tropicaltraditions.com)에서 구입할 수 있다. 말려서 잘게 채 썬 코코넛, 코코넛 칩, 코코넛 가루, 코코넛 크림 농축 제품을 추천한다.

- **홀푸드마켓 자체 브랜드**(WHOLE FOODS STORE BRAND)
  매장 정보는 홀푸드마켓 웹 사이트(wholefoodsmarket.com)에서 확인할 수 있다. 지방이 모두 함유된(full fat) 코코넛 밀크 제품을 추천한다.

- **와일더니스 패밀리 내추럴스**(WILDERNESS FAMILY NATURALS)
  온라인(wildernessfamilynaturals.com)으로 구입할 수 있다. 코코넛, 코코넛 가루, 코코넛 크림 농축 제품, 아몬드, 크리스피 아몬드, 아몬드 버터 제품을 추천한다.

허브티

- **트래디셔널 메디시널스**(TRADITIONAL MEDICINALS)
  온라인(Amazon.com)이나 홀푸드마켓(Whole Foods Market), 지역 유기농식품 판매점, 협동조합 매장에서 구입할 수 있다. 허브티 제품 전체를 추천한다.

베이킹 제품

- **이프 유 케어, 페이퍼 셰프**(IF YOU CARE, PAPER CHEF) **브랜드**
  온라인(Amazon.com)이나 홀푸드마켓(Whole Foods Market), 지역 유기농식품 판매점, 협동조합 매장에서 구입할 수 있다. 무표백 유산지, 머핀 틀용 유산지 제품을 추천한다.

- **리얼 솔트**(REAL SALT)
  온라인(realsalt.com 또는 Amazon.com)이나 미국 전역 식료품 판매점에서 구입할 수 있다. 다양한 비정제 소금 제품을 추천한다.

- **트로피컬 트래디션스**(TROPICAL TRADITIONS)
  '지방과 오일', '견과류' 추천 제품 목록에도 포함된 브랜드다. 온라인(tropicaltraditions.com)으로 구입할 수 있다. 코코아 가루, 말려서 잘게 썬 코코넛 제품을 추천한다.

- **와일더니스 패밀리 내추럴스**(WILDERNESS FAMILY NATURALS)
  온라인(wildernessfamilynaturals.com)으로 구입할 수 있다. 유기농 생코코아 가루, 유기농 허브와 향신료, 천연 미정제 소금 제품을 추천한다.

실온보관 식품

- **베어 앤 울프**(BEAR & WOLF) **통조림**
  온라인(Amazon.com)이나 코스트코(Costco)에서 구입할 수 있다. 야생 연어 제품을 추천한다.

- **바이오네이처**(BIONATURAE), **조비얼**(JOVIAL), **포미**(POMI) **브랜드**
  온라인(tropicaltraditions.com)이나 홀푸드마켓(Whole Foods Market), 지역 유기농식품 판매점, 협동조합 매장에서 구입할 수 있다. 각종 토마토 제품, 수분을 제거한 토마토 가공품, 잘게 썬 토마토 제품을 추천한다.

- **에메랄드 코브**(EMERALD COVE), **에덴 푸드**(EDEN FOODS)
  식료품 판매점이나 아시아식품 판매점에서 구입할 수 있다. 김 제품을 추천한다.

- **임프루브 잇**(IMPROVE' EAT)
  온라인(improveat.com)에서 구입할 수 있다. 샌드위치용 토르티야(Wraps) 제품을 추천한다.

- **메디테레니언 오가닉**(MEDITERRANEAN ORGANIC)
  온라인(Amazon.com)이나 지역 식료품 판매점에서 구입할 수 있다. 올리브를 비롯한 각종 식료품을 추천한다. 라벨을 꼭 확인하자.

- **마운틴 로즈 허브스**(MOUNTAIN ROSE HERBS)
  온라인(mountainroseherbs.com)에서 구입할 수 있다. 허브와 향신료 제품을 추천한다.

- **시스넥스**(SEASNAX)
  온라인(seasnax.com)이나 식료품 판매점에서 구입할 수 있다.

- **와일드 플래닛**(WILD PLANET)
  온라인(Amazon.com)이나 식료품 판매점에서 구입할 수 있다. 청어 통조림과 야생 연어 통조림을 추천한다.

참고 자료

머리말

- 어빈 R. 베덴(Ervin, R. Bethene), 신시아 L. 옥덴(Cynthia L. Ogden). 2005~2010년 미국 성인의 첨가당 섭취 실태(Consumption of Added Sugars Among U.S. Adults, 2005-2010), NCHS Data Brief no. 122. Hyattsville, MD: 국립 건강통계센터(National Center for Health Statistics), 2013.

- 샨티 A. 보먼(Bowman, Shanthy A.), 제임스 E. 프라이데이(James E. Friday), 알라나 J. 모쉬페이(Alanna J. Moshfegh). 2003~2004년 농무부 식품조사를 위한 '마이피라미드(*미국 국민 식생활 지침) 데이터베이스 2.0(MyPyramid Equivalents Database, 2.0 for USDA Survey Foods, 2003~2004). Beltsville, MD: 미국 농무부, 2008. http://www.ars.usda.gov/ba/bhnrc/fsrg/.

- 제이슨 칼튼(Calton, Jayson), 미라 칼튼(Mira Calton). 《풍족한 식품, 빈약한 식품(가제: Rich Food Poor Food)》 Malibu, CA: 프라이멀 뉴트리션(Primal Nutrition, Inc.) 2013.

- 조셉 머콜라(Mercola, Joseph).《단맛의 속임수: 스플랜다, 뉴트라스윗, FDA가 건강에 해로운 이유(가제: Sweet Deception: Why Splenda, NutraSweet, and the FDA May Be Hazardous to Your Health》. Nashville, TN: 토머스 넬슨(Thomas Nelson). 2006.

- 청 양(Yang, Qing). "다이어트 후 되레 살이 찐다면?: 인공감미료와 설탕을 갈구하는 입맛의 신경학적 특성(Gain Weight by 'Going Diet'? Artificial Sweeteners and the Neurobiology of Sugar Cravings)." 예일 생물의학저널(Yale Journal of Biology and Medicine) 83, no. 2 (2010): 101-108.

간단히 정리한 설탕의 과학적인 특성

- www.nutritiondata.com

- 카렐 컬프(Kulp, Karel), 조셉 G. 폰테(Joseph G. Ponte). 《시리얼에 담긴 기술 안내서(가제: Handbook of Cereal Technology)》. New York: 마르셀 데커(Marcel Dekker), 2000.

- 마이클 케아(Kjær, Michael), 마이클 크로스가르드(Michael Krogsgaard), 피터 마그너슨(Peter Magnusson), 라스 엔게브레트센(Lars Engebretsen), 해럴드 루스(Harald Roos), 티모 타칼라(Timo Takala), 사비오 L-Y 우(Savio L-Y Woo). 《스포츠의학 교과서: 운동 부상과 신체활동의 과학적인 기본특성과 임상적 측면(가제: Textbook of Sports Medicine: Basic Science and Clinical Aspects of Sports Injury and Physical Activity)》. Malden, MA: 블랙웰 사이언스(Blackwell Science, Ltd.), 2003.

- 니콜 M. 아베나(Avena, Nicole M.), P. 라다(P. Rada), B. G. 호벨(B. G. Hoebel). "설탕 중독의 증거: 한 번씩 폭발적으로 섭취하는 설탕이 행동과 신경화학적 측면에 끼치는 영향(Evidence for Sugar Addiction: Behavioral and Neurochemical Effects of Intermittent, Excessive Sugar Intake)." 신경과학 행동학 리뷰(Neuroscience and Biobehavioral Reviews) 32, no. 1 (2008): 20~39.

- 애니 퍼랜드(Ferland, Annie), 패트리스 배사드(Patrice Bassard), 폴 포이리어(Paul Poirier). "아스파탐은 제2형 당뇨 환자의 운동 시 저혈당을 정말 안전하게 줄여줄까?(Is Aspartame Really Safer in Reducing the Risk of Hypoglycemia During Exercise in Patients with Type 2 Diabetes?)" 당뇨관리(Diabetes Care) 30, no. 7 (2007): E59.

식이보충제

- 마이클 T. 머레이(Murray, Michael T). 《영양 보충제의 모든 것: 자연스러운 건강 개선을 위한 필수 가이드(가제: Encyclopedia of Nutritional Supplements: The Essential Guide for Improving Your Health Naturally)》. Roseville, CA: 프리마 퍼블리싱(Prima Publishing), 1996.

- 벨라니 세갈라(Segala, Melanie). 《라이프 익스텐션 재단의 질병예방 및 치료 전략: 주류의학과 대체의학을 통합한 과학적인 방법(가제: The Life Extension Foundation's Disease Prevention and Treatment: Scientific Protocols That Integrate Mainstream and Alternative Medicine)》. Hollywood, FL: 라이프 익스텐션 미디어(Life Extension Media), 2003.

자주 묻는 질문

- 오리언 C. 트러스(Truss, C. Orian). "칸디다에 대한 면역능력 회복(Restoration of Immunologic Competence to Candida Albicans)" 분자교정 정신의학(Orthomolecular Psychiatry) 9, no. 4 (1980): 287~301.

balancedbites.com/21DSD

필자의 웹사이트에서 참고자료 페이지를 방문하면, 상기 자료를 볼 수 있는 링크가 정리되어 있다.

레시피 찾아보기

주요리

아몬드밀크 스무디

코코넛 밀크 스무디

녹색 사과가 들어간
아침 식사용 소시지

베이컨 뿌리채소 볶음

양배추 곁들인
로즈마리 연어

야채 팬케이크

바닐라 코코넛 버터를 얹은
호박 팬케이크

버팔로 치킨이 들어간
달걀 머핀

브로콜리 허브 달걀 머핀

사과 소보로 달걀 머핀

당근 호박 머핀

베이컨과 시금치를 넣은
토마토 바질 키시 파이

바싹 구운 닭 가슴살

삼색 고추를 곁들인 치킨

케이퍼와 골파를 곁들인
레몬 치킨

아티초크와 올리브를
곁들인 치킨

파스닙과 베이컨으로 속을
채운 치킨 롤

머스터드 바른
닭 허벅지살

매콤달콤한
생강 마늘 치킨

멕시코식 미트로프

할라피뇨 베이컨 버거

국수호박 볼로네즈

이탈리아식 피망 요리

2가지 맛 고기 피자

쇠고기 발사믹 조림

그리스 식 미트볼과
샐러드

생강과 마늘이 들어간
쇠고기 브로콜리 구이

양상추 컵에 담은
아삭아삭 커리 비프

셰퍼드 파이

양고기 초리조 칠리

아시아식 미트볼

두 겹 돼지고기
안심 요리

시나몬 향이 나는
돼지갈비 구이

해산물 초리조 빠에야

참깨와 라임이 들어간
매콤 연어

아몬드와 타임을 곁들인
가자미 구이

케이퍼와 올리브
타프나드를 올린
연어 구이

새우 팟타이

치즈 맛 허브 아몬드
스프레드 바른
오색 콜라드 랩

참치 샐러드 랩

케이퍼와 토마토를 곁들인
연어 샐러드

버팔로 새우가 담긴
상추 컵

170 또띠야 없이 먹는
스모키 치킨 수프

172 구운 컬리플라워 수프

174 간단한 시금치 마늘 수프

176 미소 없는 미소 된장국

178 참치 구이와
그레이프프루트,
아스파라거스 샐러드

180 녹색 사과와 회향 샐러드

181 부드러운 발사믹 드레싱을
곁들인 브로콜리
베이컨 샐러드

182 오이 냉국수 샐러드

183 생양배추와
청경채 샐러드

184 고수 컬리플라워 밥

185 겨울호박 발사믹 링

186 감자튀김 닮은
생히카마

187 그리스식 토마토
오이 샐러드

188 올리브를 곁들인
레몬 마늘 국수

189 페스토 호박 국수

190 허브향 가득 으깬
컬리플라워

191 코코아 칠리 양념
컬리플라워 구이

192 노란 비트와 허브 구이

193 크럼블 방울양배추

치즈 맛 허브 아몬드
스프레드

허브 크래커

간단한 쇠고기 육포

4가지 기본 재료로 만든
과카몰리

파를 곁들인 토마토
포카치아

맛좋은 허브 비스킷

구운 케일 칩

시닐라 견과류 믹스

태국식 매콤한
견과류 믹스

설탕 뺀 달달한 간식

새콤하고 부드러운
사과 소스

담백한 시나몬 쿠키

바닐라 코코넛
아이스크림

바나나 코코넛
아이스크림

달콤쌉쌀한 핫초코

애플 시나몬 도넛

곡물 없는 바놀라

견과류 가득 사과 구이

사르르 녹는
레몬 바닐라

가벼운 초콜릿 무스

사과 크럼블

아몬드 버터 컵 샌드

기본 재료

혼합 양념

정제 버터와 기(ghee)

건강한 수제 마요네즈

뼈 육수

아몬드 밀크,
아몬드 가루

감미료 뺀 케첩

간편한 마리나라 소스

아보카도 소스

부드러운
생강 라임 드레싱

매콤한 참깨
생강 드레싱

아보카도 오이 소스

발사믹 비네그레트
드레싱

레몬 허브 드레싱

찾아보기

정말 큰 도움이 됐습니다.

"고맙다고 느끼고도 그 마음을 표현하지 않는 것은 선물을 포장해놓고 주지 않는 것과 같다."

– 윌리엄 아서 워드(William Arthur Ward)

엄마, 아빠

감사한 사람을 생각하니 제일 먼저 부모님부터 떠오릅니다. 두 분 다, 아무것도 따지지 않고 늘 제가 열정을 갖는 일을 응원해주셨어요. 제가 멀리 다니느라 공항에 가든, 가까운 곳에 장보러 갈 때든 늘 태워다주시고, 이 책에 넣을 레시피를 개발하면서 만든 음식들을 드셔주신 (그리고 비평을 해주신 것) 노고에 특히 감사드립니다! 이 두 번째 일이 두 분께 아마도 가장 힘든 일이었을 것 같아요.

할머니

증손자를 안겨드리진 못하지만, 이렇게 제 자식이나 다름없는 "책 손자"를 또 하나 완성했어요! 제가 열심히 노력해서 얻은 이 결실을 할머니와 함께 볼 수 있어서 정말 행복합니다. 이걸로 할머니의 자손이 이 세상에 또 하나 흔적을 남겼다는 걸 확인하실 수 있으실 거예요.

스캇

작년 내내 내가 편안한 마음으로, 안정을 잃지 않고 지낼 수 있도록 해준 당신에게 어떻게 감사해야 할지 모르겠어. 당신이 든든한 바위처럼 버텨준 덕분에 더 멀쩡한 정신으로 이 책을 완성할 수 있었어. 혼자 있었다면 그러지 못했을 거야. 당신을 만난 건 행운이야. 그리고 당신은 딱 내 타입이야.

브레이즌 가족들

링크, 빅 제이, 알렉스, 레베카, 캐스, 브릿, 셀리, 그레코, 빅 브이와 리틀 브이, 젝스, 그리고 브레이즌 애틀레틱스(Brazen Athletics) 가족들 모두에게 감사 인사를 전합니다. 서로 그렇게 깊이 이해하고, 믿어주고, 인생과 사랑에 대한 이야기를 나누고, 묵직한 운동 장비를 열심히 들어 올리면서 보낸 작년 한 해, 그 모든 시간을 내가 얼마나 고마워하는지 말로 표현할 수가 없어요. 브레이즌에서 얻은 긍정적인 에너지와 감동은 그 무엇과도 비길 수가 없습니다. 수많은 운동시설에 다녀봤지만, 브레이즌이야말로 내겐 집과 같은 곳이에요. 그저 운동하는 곳 그 이상이고, 내가 그 일원이 된 것이 자랑스럽습니다. 한계라곤 없는 사람들, 모두에게 사랑한다는 말을 전하고 싶습니다.

체리사

설탕 디톡스 21일 프로그램의 운영을 맡아서 사업을 키우고, 대장처럼 프로그램 참여자 전체를 이끌어준 사람! 체리사의 헌신이 없었다면, 프로그램이 이 정도까지 발전하지는 못했을 거라 생각합니다. 보이지 않는 곳에서도 오랫동안 열심히 뛰어주고, 힘차고 신나게 팀 전체를 이끌어준 것에 대해 감사 인사를 전합니다. 체리사는 설탕 디톡스 프로그램이 책으로 나오기까지 모든 단계를 성심껏 도와주었어요. 그 도움이 없었다면 나 혼자 프로그램을 책으로 만들 엄두조차 내지 못했을 거예요.

브룩, 레베카, 셰넌, 에릭, 밀렌, 트리샤, 에이프릴, 그리고 설탕 디톡스 프로그램 운영자 전원

설탕 디톡스 21일 프로그램의 참가자들에게 어마어마한 시간과 노력을 들이고 성심껏 도와준 여러분에게 내가 아무리 감사해도 마음을 다 전할 수 없을 것 같아요. 앞으로도 여러분의 전문적인 기술과 지식으로 우리와 함께 설탕 없는 삶의 여정을 시작한 사람들에게 계속해서 도움의 손길을 내밀어주길 바랍니다.

설탕 디톡스 프로그램을 응원해준 블로거 여러분

직접 설탕 디톡스를 마치고 경험을 공유해주신 분들도 있고, 프로그램에 맞는 레시피를 개발한 분들도 있습니다. 그 두 가시 일을 다 해낸 분들도 많고요! 저와 디톡스 프로그램, 그리고 수만 명의 사람들에게 엄청난 도움이 되었습니다. 사진과 글을 정성스레 올리는 일이 얼마나 많은 시간을 들여야 가능한 일인지 나도 잘 알기에, 여러분의 그 모든 노력에 진심으로 감사드립니다.

팸

설탕과 탄수화물에 대해 사람들에게 해주고픈 이야기는 많은데 이 책으로는 절대로 담아낼 수 없다는 생각에 사로잡혀서 내가 괴로워할 때, 무척 멋진 책이라고 말해주고 용기를 준 팸에게 정말 고마웠습니다. 이 책은 평생이 아니라 딱 3주간 변화를 시도해볼 수 있도록 돕는 것이 목표임을 내게 일깨워주었고, 그 덕에 나는 압박감에 정신이 다 나가버릴 지경까지 가지 않고 차분하게 책을 마무리할 수 있었습니다.

에리히, 미셸, 그리고 빅토리 벨트 출판사 여러분

늘 저를 응원해주고, 혼란 일색으로 책을 만들어가는 데도 불구하고 믿고 지지해준 여러분께 다시 한 번 고마웠다고 말하고 싶습니다. 어느 출판사도 그렇게 해주지는 못했을 거라고 생각해요. 제가 폭삭 주저앉거나 글이 풀리지 않아 정체되어 있을 때 그 어려운 시기를 넘길 수 있도록 뒤에서 밀어주고, 다 끝날 때까지 계속 용기를 불어넣어주셨어요. 여러분과 함께 일할 수 있어서 정말 행복했습니다.

설탕 디톡스 21일 프로그램을 이미 끝낸 모든 분들 🌱

이 디톡스 프로그램에 참여하고, 이것저것 궁금해 하고, 의욕을 불태우고, 반드시 끝내리라 이를 악물고 노력해준 여러분께 감사드립니다. 수만 명에 달하는 여러분의 경험은 마침내 이 책을 발견하게 될 다른 수만 명의 사람들이 나아갈 길을 열어주었어요. 여러분의 경험 덕분에 나는 이 책에 훨씬 더 풍성한 정보와 자료를 넣을 수 있었습니다. 온라인 커뮤니티를 통해 각자의 지혜를 계속해서 공유하면서, 건강해지기를 바라는 사람들에게 불씨를 전달하는 역할을 해주기를 희망합니다.